10대를 위한
세계 시민 학교

정의^{正義, justice}의 의미에 대해서 생각해본 적이 있나요?
세계는 왜 싸우면서 정의를 구할까요?

인류의 반칙 싸움에서 톺아보는 정의 이야기

10대를 위한 세계 시민 학교

남지란 + 정일웅 공저

이케이북

이 책의 구성

한눈에 보고, 한 번에 공부하기

세계의 분쟁, 사회 개념어, 그리고 지도가 한눈에!
3단의 입체적 구성으로 사회 개념어 제대로 공부하기

A 제목 | **B** 부제목 | **C** 본문 | **D** #해시태그 | **E** 분쟁 명 | **F** 발생일

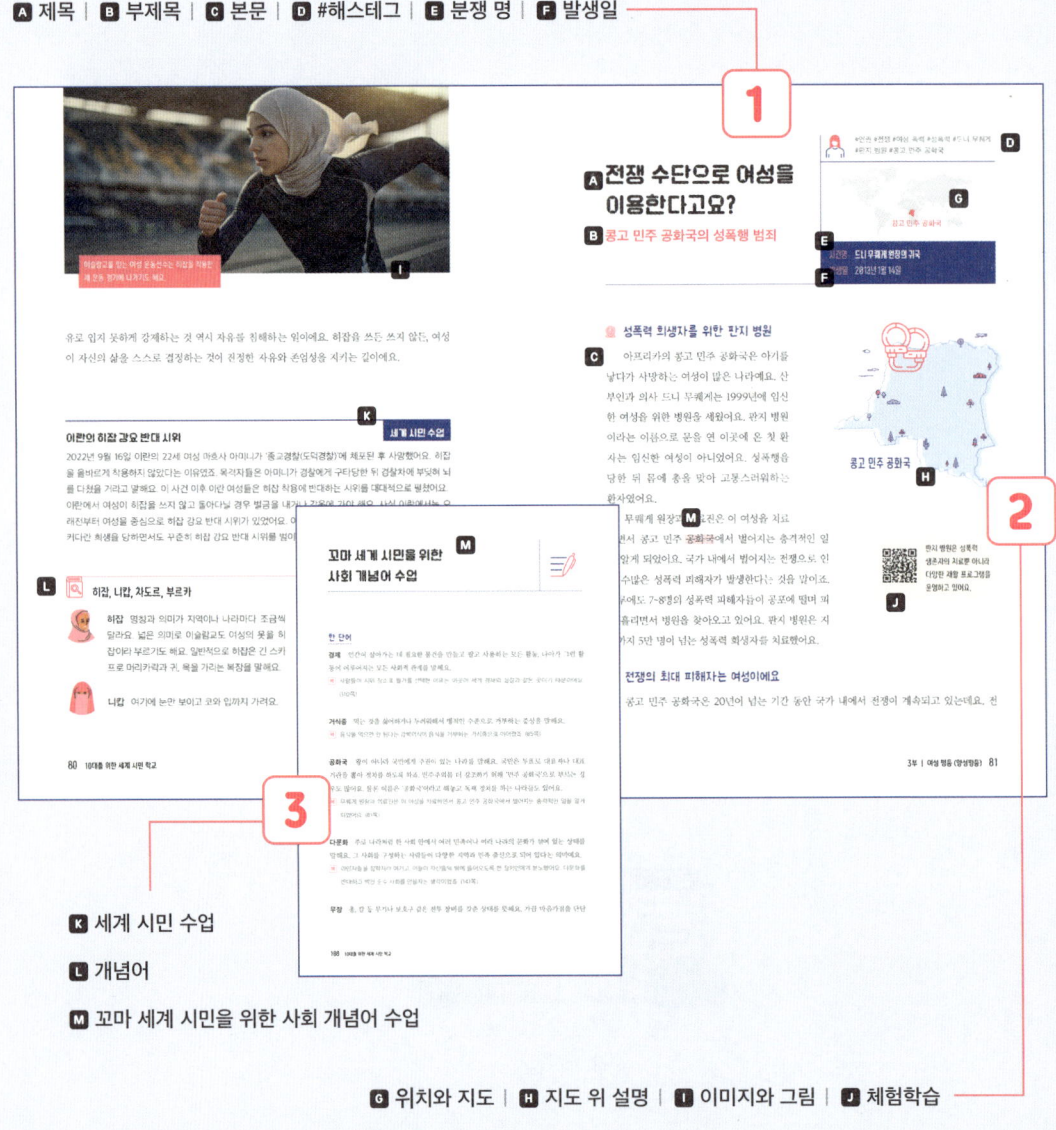

K 세계 시민 수업
L 개념어
M 꼬마 세계 시민을 위한 사회 개념어 수업

G 위치와 지도 | **H** 지도 위 설명 | **I** 이미지와 그림 | **J** 체험학습

1 ▶ 세계 분쟁의 개요

- **A 제목** 문장으로 읽는 주제문이에요.
- **B 부제목** 분쟁의 사회적·역사적·사회적·정치적·지리적인 배경을 나타내요.
- **C 본문** 1H 5W(How and Who, What, Where, When, Why)에 맞춰서 사건을 이야기처럼 풀어줘요. 신문 기사처럼 이야기의 핵심을 분석해주기도 해요.
- **D #해시태그** 주제어를 검색해서 더 공부해봐요.
- **E 분쟁명** 사람 또는 지역명 중심으로 정리했어요.
- **F 발생일** 분쟁이 일어난 날짜예요. 비교적 현대적인 분쟁을 다뤘어요.

2 ▶ 지도 위에서 살펴보는 세계의 분쟁

- **G 위치와 지도** 싸움이 일어난 나라 또는 지역의 지리적 특징을 구체적으로 이해할 수 있어요.
- **H 지도 위 설명** 사회적·역사적·정치적·지리적 배경을 설명해요.
- **I 이미지와 그림** 100여 장의 이미지와 그림이 본문의 이해를 도와요.
- **J 체험학습** 큐아르 코드(QR code)를 스캔하면 더 많은 정보를 얻을 수 있어요.

3 ▶ 꼬마 세계 시민을 위한 문해력 수업

- **K 세계 시민 수업** 분쟁의 사회적·역사적·정치적 배경을 설명하여 이해를 도와요.
- **L 개념어** 개념을 사전적으로 설명하여 본문을 쉽게 이해하도록 했어요. 초등 교과 과정에서 필요한 사회적·역사적·정치적 의미를 함께 정리해줘요.
- **M 꼬마 세계 시민을 위한 사회 개념어 수업**
  의미가 비슷해서 헷갈리는 개념어를 정리했어요. 한 단어에 있는 여러 의미를 풀어주기도 하고, 비슷한 뜻으로 사용하는 여러 단어의 다양한 쓰임새를 예문과 함께 구분해줘요.

한눈에 보는 세계의 분쟁 지도

㉠
가자지구	167-169
기아나	37

㉡
나이지리아	128 143-145
네팔	93 94 114 136
노르웨이	140-142
뉴욕	25 90 109-111 173 174

㉢
독일	21 52 95 152-154 179
동튀르키스탄	137 138

㉣
레바논	62 111

㉤
말리	59 60
멕시코	115-117
미국	90 92 95 109-111 155-157 173
미네소타주	155 156
미얀마	146-148 158-161
미초아칸주	115 116

㉥
방글라데시	30 31 146-148 164
베네수엘라	37 38
베네치아	112 113 137
벨기에	16 121
벨라루스	19
벨파스트	182 183
볼리비아	37
북아일랜드	182-184
브라질	37-40
브뤼셀	16

㉦
사우디아라비아	79 96-99 171 176 178 187
산티아고	118-120
수리남	37
스와트	50
스웨덴	22 23
스코틀랜드	182
스톡홀름	22
시리아	62-64 149 152-154 176 179-181
시짱 자치구(티베트 자치구)	134
신장 웨이우얼 자치구 (위구르 자치구)	136-139
실크로드	137 185

㉧
아르빌	149
아마존	25 37-40
아일랜드	182-184
아일랜드 공화국	182 183
아프가니스탄	185-187
에베레스트산	112 114
영국	67 86 106 108 145 147 148 151 155 182-184
예멘	75 111 124 176-178
오슬로	140 169
요르단	61 11 153 167 168 176
우간다	56
우루무치	137
우즈베키스탄	186 187
우크라이나	19 20
우퇴위아섬	140 141
우한	34
월가	109-111
웨일스	182
이라크	124 149-152 170 172 176 179 181
이란	79 80 88 149 150 170-172 176 178 185
이스라엘	167-169

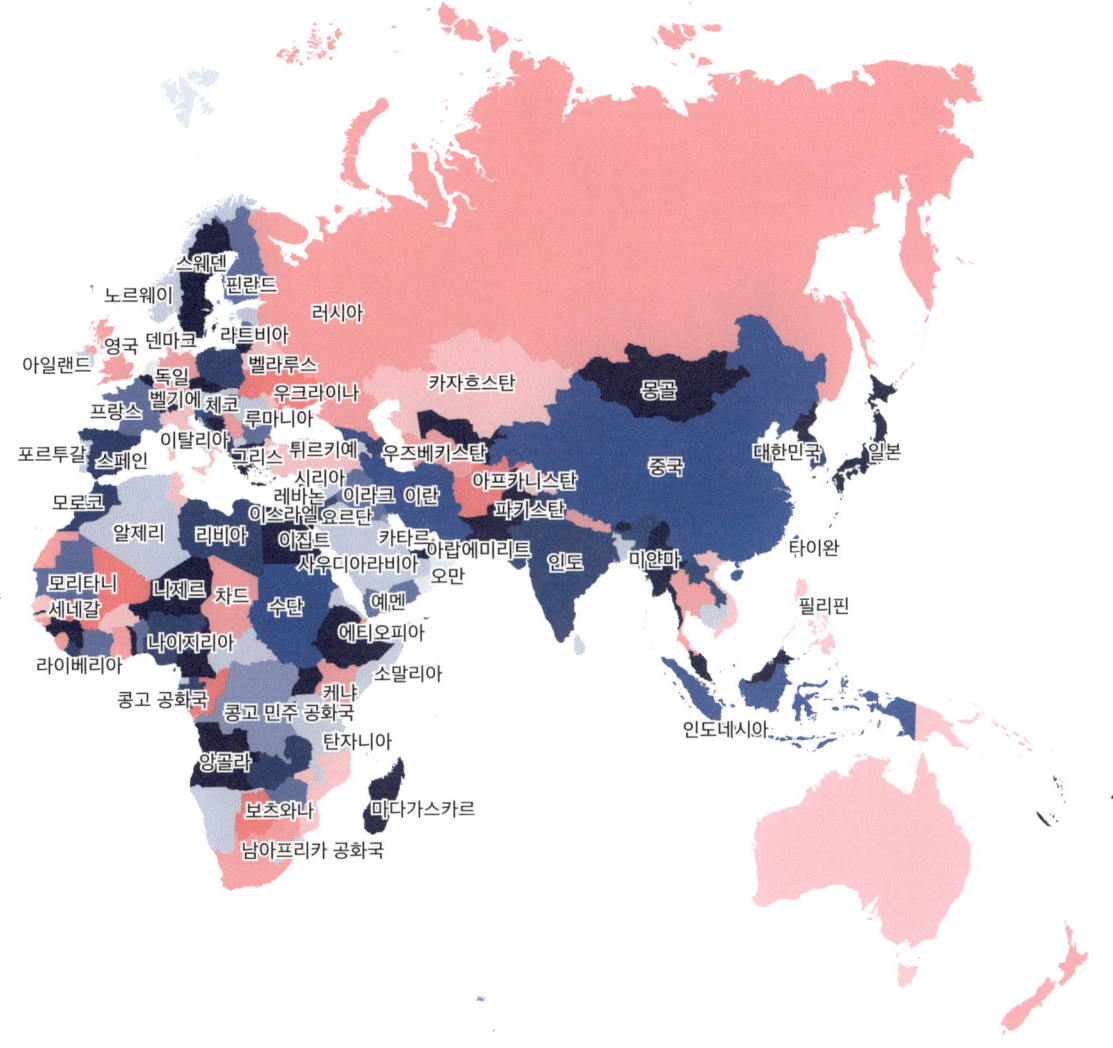

이집트	53 54 176 180			튀르키예	149 179 181
이탈리아	112 113	카슈미르	164-166 168		
인도	88 89 100-103 128	카자흐스탄	185 187	파키스탄	50 65 87-89
	146 164-166 185	켐니츠	152		164-166 185 187
인도네시아	31 39 40	코트디부아르	59-61	팔레스타인	167-169
일본	44-47	콜롬비아	37 38	페루	37 38
		콩고 공화국	121	프랑스	78 79 84 85
중국	34 134-139	콩고 민주 공화국	81 82	필리핀	26-28
			121 122 124 128		
체르노빌	19-21	쿠르디스탄	149 187	하트라스	100 101
치복	143 144	키르기스스탄	185 187	후베이성	34
칠레	118-120			후쿠시마	44-47
카불	185 186	텔아비브	167		
		투르크메니스탄	185 187		
		투발루	22 25 41 42		

들어가는 말

정의란 무엇인가요?

🎯 세상은 다양한 사람들로 가득해요

세상에는 78억 명이 넘는 사람들이 살고 있어요. 이 글을 쓰는 지금도 그 숫자는 늘어나고 있겠죠. 지구 위에서 살아가는 이 많은 사람들이 모두 같지는 않아요. 당장 같은 교실에 있는 친구들도 생김새부터 좋아하고 싫어하는 것, 성격, 피부색, 달리기 실력 등 많은 것이 다르죠. 이렇게 사람마다 나타나는 특징들 말고도 살아가는 방식 또한 다양해요.

지구 위 78억 인구는 모두 세계 곳곳에서 저마다의 방식으로 삶을 꾸려가고 있어요. 좋은 환경에서 태어나 풍족한 삶을 누리는 사람도 있지만, 전쟁이나 환경 파괴, 기후 위기로 인해 매우 곤란한 삶을 살아가는 사람도 있어요. 또 자신이 가진 재능을 인류와 지구 환경을 위해 쓰는 사람도 있지만, 나쁜 의도를 가지고 다른 사람을 괴롭히고 환경을 파괴하는 데 쓰는 사람도 있어요.

🎯 "한 사람은 하나의 세계"예요

사람들은 누구나 자기만의 세상을 살아가요. 선생님이 살아가는 세상이 다르고, 여러분이 살아가는 세상이 다르죠. 선생님이 살아가는 세계에는 지구 반대편 전혀 모르는 누군가의 삶은 없어요. 그 사람도 마찬가지겠죠. 혹은 나의 세계에서는 어떤 친구가 굉장히 멋있는데, 그 친구의 세계에서는 내가 그저 그런 사람일 수 있어요. 저마다 바라보는 시각이 다르고 살아가는 세계가 다르니까요. 멀티버스는 영화 속에만 있는 게 아니라 바로 지금 우리와 같은 시간선을 살아가는 모든 사람에게 있는 셈이에요.

2010년 노벨 평화상 수상자인 중국의 작가 류샤오보는 "한 사람은 하나의 세계"라고 말했어요. 그렇다면 지구에는 78억 개의 세계가 있는 셈이죠. 이 말에 따른다면, 누군가가 굶주리고 억압을 받는다는 것은 그 세계가 굶주리고 억압을 받는다는 것을 뜻해요. 누군가가 희생되었다는 것은 그 하나의 세계가 사라졌다는 것을 뜻하죠. 누군가 혹은 어느 민족이 고통스러운 상황에 놓여 있다면 그 하나의 세계가 비극으로 가득 찬 것이고, 그렇게 수만 개의 세계가 끔찍한 상황에 놓여 있다는 뜻이에요.

숫자로만 보는 것은 위험해요

이 책에는 많은 숫자가 나와요. 8억 명이 굶주리고 있다거나 기후 난민이 2천만 명이 넘는다거나 100만 명의 아이들이 물건처럼 거래된다거나 수만 명의 사람이 목숨을 잃었다는 식이죠. 이렇게 숫자로만 보면 누구에게 어떤 일이 일어났고, 그것이 얼마나 끔찍한 일이었는지 알기 힘들어요. 숫자에는 감정이 없으니까요.

물론 숫자와 통계는 중요해요. 현재 상황을 객관적으로 알 수 있죠. 하지만 그 숫자를 이루는 모든 사람 역시 중요해요. "수백 명이 목숨을 잃었다"라는 무미건조한 문장 뒤에는 그 수백 명의 삶이 있어요. 그리고 그 가족과 친구들까지 포함해 수천 명의 삶이 얽혀 있죠. 그 모든 사람에게는 자기만의 세계가 있었어요. 그 세계가 무너지고, 그 세계의 한쪽이 뻥 뚫려 버린 거예요. 항상 숫자 뒤의 사람에 대해 생각하는 습관을 길러봐요.

정의의 가치에 대해 생각해봐요

이 책에서는 지구 환경부터 인권, 평등, 경제, 인종, 종교 등 지구 위에서 살아가는 사람들이 부딪히는 여러 문제를 짚어보며, 우리는 과연 어떤 선택을 내리고 어떤 삶을 살아가야 할지 고민해요. 지금, 이 순간에도 세계 곳곳에서는 종교, 정치, 생각의 차이로 많은 사람들이 싸우고 있어요. 성별, 민족, 언어, 전통을 이유로 들며 사람들을 차별하고 있고요. 경제 성장과 편리함을 위해서 자연환경을 파괴하는 사람들도 있어요. 그들 모두 나름대로 자신들이 '정의'라고 생각해요. 정의를 들먹이며 다른 사람을 공격하고 약자를 차별하죠. 하지만 그들이 말하는 정의가 과연 정의일까요?

자신만이 옳다며 생각을 강요하고 다른 사람을 억압하는 것은 정의라고 할 수 없어요. 정의는 "진리에 따라 이루어지는 올바르고 공정한 도리"를 뜻해요. 어려운 표현 같지만 특정한 사람이나 무리가 아니라 모든 사람이 받아들이는 올바른 생각이죠. 무언가가 정의롭다는 것은 더 커다란 선을 위해 올바른 상태에 있다는 것을 뜻해요. 이 책에서 소개하는 6가지 주제를 읽으며 진정한 정의가 무엇인지, 그리고 정의로운 세상을 만들기 위해 우리가 할 수 있는 일을 생각해보면 좋겠어요.

더 나은 세상을 위해 필요한 것은 우리의 관심이에요

꼭 뛰어난 재능이 있어야 세상을 더 낫게 만들 수 있는 것은 아니에요. 슈퍼 히어로가 꼭 망토를 둘러야만 하는 게 아닌 것처럼요. 누구나 자기 자리에서 자기가 할 수 있는 만큼 세상에 대해 생각하고, 옳은 일과 그른 일이 무엇인지 살펴보는 것이 중요해요. 내가 내리는 선택이 다른 사람과 환경에 어떤 영향을 미치는지 알아보는 것도 중요하고요. 우리가 살고 있는 21세기 지구는 곳곳이 이어져 있는 초연결 사회예요. 나의 작은 행동이 지구 반대편 누군가의 삶에 큰 영향을 미칠 수 있어요. 호기심 가득한 눈으로 세상을 바라보고, 세계 시민으로 거듭날 수 있는 여행을 함께 떠나봐요. 우리가 교실 안에서 배우는 모든 것은 교실 밖 세상과 연결되어 있으니까요.

2024년 9월
정일웅

목차

이 책의 구성　4
한눈에 보는 세계의 분쟁 지도　6
들어가는 말　8

1부
환경

일주일에 하루는 고기를 먹지 말자고요?　16
원자력 발전을 없애도 될까요?　19
기후를 위해 학교에 안 간다고요?　22
쓰레기를 수출한다고요?　26
인간도 멸종될 수 있다고요?　30
코로나19가 인간 때문에 생겼다고요?　34
경제 발전 정책이 범죄가 된다고요?　37
환경에도 정의가 있다고요?　41
바다에 버리면 된다고요?　44

2부
어린이 인권

여자 어린이는 학교에 갈 필요가 없다고요?　50
전통이라는 이름으로 신체를 훼손한다고요?　53
펜 대신 총을 잡는 아이들　56
아동을 사고판다고요?　59
'동물'을 본 적 없는 어린이가 있다고요?　62
어린이가 일을 해도 되나요?　65
자기 이름도 쓸 줄 모른다고요?　69
소녀는 왜 어린 나이에 결혼할까요?　73

3부
여성 평등 (양성평등)

히잡은 여성 인권을 탄압하는 옷인가요? 78
전쟁 수단으로 여성을 이용한다고요? 81
마른 몸의 여자가 예쁘다고요? 84
명예를 위해 가족을 죽인다고요? 87
여성이라는 이유로 차별을 받는다고요? 90
생리가 부끄러운 거라고요? 93
여자는 운전하면 안 된다고요? 96
'달리트'라는 이유로 차별받는 사람들 100

4부
경제

착한 소비, 나쁜 소비가 있다고요? 106
우리는 99%다! 109
여행하는 사람만 행복하면 되나요? 112
아보카도 요리를 팔지 않겠다고요? 115
50원 때문에 시위를 한다고요? 118
스마트폰이 사람을 죽인다고요? 121
먹을 것이 없어 굶주리는 게 아니라고요? 124
죽음을 기다리게 만드는 빈곤 128

5부
민족과 인종

티베트에 자유를! 134
우리는 중국 사람이 아니에요! 137

백인을 위한 나라를 만든다고요?　140
민족과 종교가 다른데 하나의 나라라고요?　143
세상에서 가장 박해받는 민족인 로힝야족을 아시나요?　146
쿠르드족은 한 번도 나라를 가져본 적이 없다고요?　149
난민을 거부하기만 하면 될까요?　152
흑인이면 범죄자일 가능성이 크다고요?　155
군부에 맞서기 위해 민족이 힘을 합쳐야 한다고요?　158

6부
종교

강대국 사이에서 고통받는 사람들이 있어요　164
팔레스타인에는 누가 살아야 할까요?　167
시아파와 수니파는 왜 싸우나요?　170
신의 이름으로 사람을 죽인다고요?　173
예멘, 하나의 나라에 정부가 2개라고요?　176
세상을 울린 3세 난민 어린이의 죽음　179
하나의 섬이 2개의 나라가 되었다고요?　182
힘으로 정치권력을 차지해도 되나요?　185

꼬마 세계 시민을 사회 개념어 수업　188
찾아보기　200

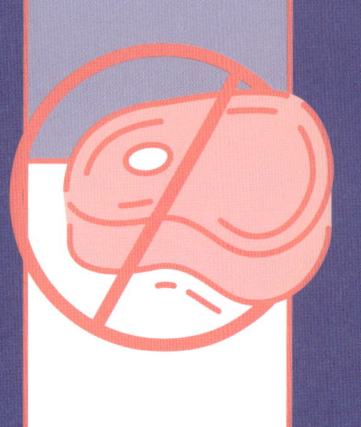

37억 년 전, 최초의 생명이 탄생한 뒤로 지금까지 지구에는 도저히 가늠할 수 없을 만큼의 많은 생명이 살고 있어요. 우리 인간은 그 지구의 표면에서 살아가는 아주 작은 부분일 뿐이죠. 우리 인간은 물론 소중한 존재이지만, 지구는 인간만의 것이 아니에요. 수많은 생명체가 함께 살아가는 터전이죠. 우리 인간이 편리하기 위해 하는 행동이 과연 지구라는 관점에서 봤을 때 정의로운지 따져볼 필요가 있어요.

1부

환경

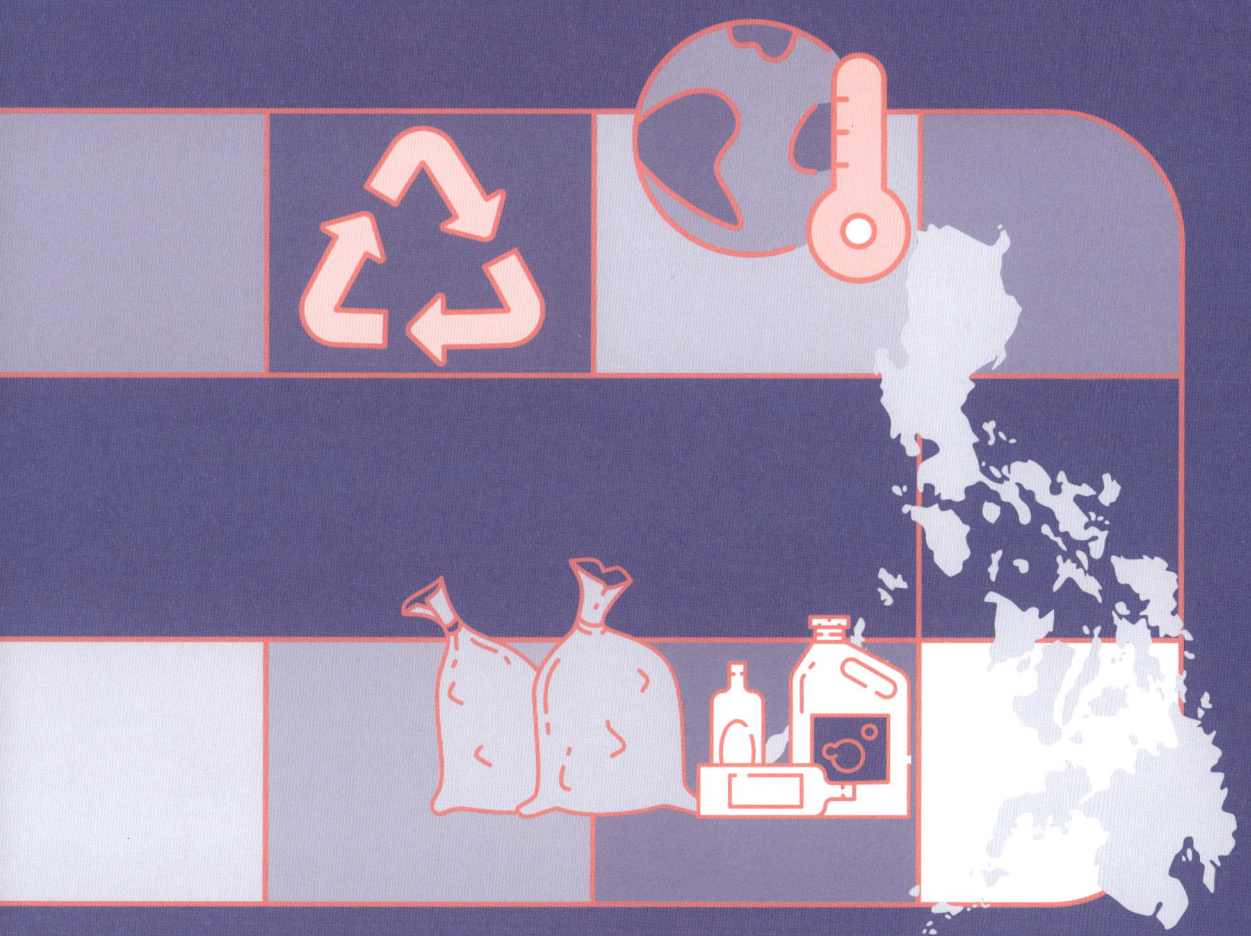

일주일에 하루는 고기를 먹지 말자고요?

지구를 지키기 위한 육식 줄이기

#채식 #육식 #동물권 #동물_복지 #지구_온난화
#폴_매카트니 #고기_없는_월요일

벨기에

사건명 '고기 없는 월요일' 캠페인
발생일 2009년 12월 3일

'고기 없는 월요일' 캠페인

19세기와 20세기에 이루어진 산업화 이후 인류의 삶은 급격히 편하고 안락해졌어요. 하지만 인간이 풍요로운 일상을 얻은 대가로 지구의 온도는 점점 올라가고 있어요. 지구 온난화를 해결하기 위해 전 세계가 머리를 맞대고 해결 방안을 찾고 있어요. '유엔 기후 변화 협약 당사국 총회'라 불리는 회의도 매년 열리고 있죠.

2009년 15차 회의가 열리기 며칠 전 벨기에 브뤼셀에서는 지구 온난화 토론회가 열렸어요. 영국의 전설적인 밴드 비틀스의 멤버인 폴 매카트니는 이 토론회에서 '고기 없는 월요일' **캠페인**을 제안했어요. 꼭 월요일이 아니더라도 적어도 일주일에 하루는 고기를 먹지 말자는 주장이었어요. 우리가 사는 지구를 지키기 위해서 말이죠.

브뤼셀

고기 없는 월요일
홈페이지

고기를 생산하는 과정에서 온실가스를 엄청나게 배출해요

폴 매카트니는 왜 이런 주장을 했을까요? 현대 사회에 들어 육식이 늘어나면서 가축을 키우는 축산업이 크게 발달했어요. 축산업으로 배출되는 온실가스는 전체 온실가스 중 약 15%를 차지한다고 해요. 온실가스는 지구 온난화를 일으키는 주된 원인이에요. 가축을 키우는 축사를 만들기 위해 나무를 베어내면 대기 중에 있는 이산화탄소가 줄지 않아요. 나무는 이산화탄소를 흡수해 광합성 작용으로 산소를 배출하거든요.

축사를 유지하고 고기를 포장·운송할 때도 온실가스가 나와요. 가축이 사료를 소화하는 과정에서 트림을 하고 방귀를 뀌면 메탄가스가 나오는데, 메탄가스는 이산화탄소보다 온난화 효과가 80배나 높다고 해요. 소고기 1kg이 우리 밥상에 오르는 과정에서 배출되는 온실가스가 59.6kg이에요. 이 온실가스를 없애려면 30년 된 소나무 10그루가 필요해요.

공장식 축산은 환경을 해치고 동물들을 불행하게 해요

브라질과 아르헨티나 등에서는 다양한 식물이 자라는 열대 우림을 파괴하여 적지 않은 지역을 콩을 재배하는 밭으로 개간했어요. 이렇게 생산된 콩은 사람이 아닌 소의 사료로 쓰여요. 소고기 1kg을 생산하는 데 곡물 11kg이 들어가죠. 전 세계 인구 중 8억 명이 굶주림으로 고통받고 있어요. 지구 한쪽에서는 먹을 것이 없어 사람의 목숨이 위태로운데, 다른 한쪽에서는 가축을 키우기 위해 농작물을 기르는 상황인 거예요.

공장식 축산은 동물을 학대할 뿐 아니라 환경에도 나쁜 영향을 끼치고, 사람의 건강에도 해로워요.

소 한 마리를 덜 키우면 기아에 허덕이는 사람 22명을 구할 수 있다고 해요. 그뿐만 아니라 이 가축들은 생명체가 아니라 고기가 되기 위해 태어났다 죽임을 당하는 존재로 다루어지고 있어요. 더 많은 이익을 내기 위해 비위생적인 비좁은 공간에서 많은 동물을 키우는 공장식 축산은 그 문제가 더욱 심각해요.

일주일에 하루만 채식을 해도 지구를 살릴 수 있어요

2020년 우리나라 국민 한 명이 1년 동안 먹은 고기의 양이 54kg이라고 해요. 이렇게 고기를 계속 먹는다면 지구 환경은 더 나빠질 거예요. 미세먼지 때문에 항상 마스크를 쓰고, 여름이면 너무 더워 힘들어져요. 홍수와 가뭄으로 집을 잃는 사람들도 늘어나겠죠. '고기 없는 월요일'을 제안한 폴 매카트니는 이제 고기를 먹지 않는다고 해요. 고기 대신 채소를 먹는 식단을 채식이라고 하는데, 선진국에서는 채식하는 사람들이 늘어나고 있어요. 일주일에 하루만이라도 고기 대신 신선한 채소와 두부, 콩으로 건강한 음식을 먹는 건 어떨까요?

지구의 온도를 낮추기 위한 세계의 약속 **세계 시민 수업**

유엔 기후 변화 협약 당사국 총회는 유엔(UN)이 공식적으로 개최하는 기후 관련 모임이에요. 세계 각 나라의 정치인과 기후 활동가, CEO 들이 모여 기후 대응을 고민하는 세계 최대 규모의 연례 회의죠. 1995년 캐나다 몬트리올에서 처음 열린 후 지금까지 이어지고 있어요. 1997년 '교토 의정서', 2015년 '파리 협정'을 체결해서 기후 변화에 대비하는 구체적인 계획을 세워 지켜나가고 있어요.

교토 의정서 1997년 채택해 2005년부터 2020년까지 온실가스 감축 목표를 약속한 협약이에요.

파리 협정 2021년부터 시작되는데, 지구 온도가 1.5도 이상 상승하지 않도록 온실가스 감축만이 아니라 기술 개발과 재원 조달 등 다양한 사항들을 담고 있어요.

동물에게도 복지가 중요해요

동물을 공장처럼 아주 좁은 공간에서 대규모로 키우는 것을 공장식 축산이라고 해요. 동물들은 몸을 움직일 수 없는 좁은 곳에 갇혀서 사료만 먹고 살이 찌도록 키워져요.
동물들은 비위생적인 환경에서 살며 영양제와 항생제가 들어간 가공 사료를 먹다 보니 온갖 질병에 걸리고, 또 한곳에 엄청나게 많은 분뇨를 배출해서 주변 환경을 해치기도 하죠. 동물 복지와 식품 위생, 환경보호를 위해 공장식 축산은 줄어들고 있어요. 우리나라에서도 동물 복지 농장 제도를 운용하고 있죠.

원자력 발전을 없애도 될까요?

탈원전 시대의 에너지

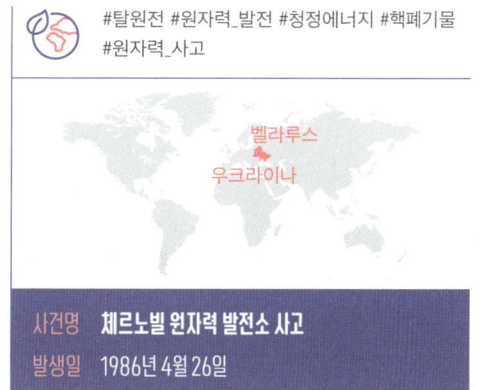

#탈원전 #원자력_발전 #청정에너지 #핵폐기물 #원자력_사고

사건명	체르노빌 원자력 발전소 사고
발생일	1986년 4월 26일

📍 원자력 발전소 사고의 위험성

1986년 4월 26일, 당시 소비에트 연방(소련)의 체르노빌 원자력 발전소에서 폭발 사고가 발생했어요. 지금의 우크라이나와 벨라루스 국경 근처에 있는 발전소였어요. 이 사고로 방사성 물질이 다량으로 누출되어 주변 여러 지역을 오염시켰죠. 폭발과 방사능 피폭으로 수백 명이 사망했고, 화재를 진압하기 위해 투입된 소방대원들 수백 명도 방사선에 피폭되어 평생을 후유증에 시달렸어요. 발전소 주위 30km 지역 안에 살던 30만 명이 넘는 사람들은 모두 다른 곳으로 강제 이주해야 했죠.

방사성 물질은 바람을 타고 유럽으로 번져 나가 벨라루스에 가장 큰 피해를 주었고, 수백 킬로미터 떨어진 영국과 스페인에서도 방사성 물질

우크라이나 북부의 체르노빌

벨라루스

인류 역사상 최대 규모의 원자력 사고가 일어난 우크라이나의 체르노빌 원자력 발전소는 40년 가까운 세월이 흐른 지금도 거대한 폐허로 남아 있어요.

이 검출되었어요. 이후 체르노빌 지역은 죽음의 땅이 되어 수많은 돌연변이 식물과 동물이 발견되었어요. 방사성 물질은 방사선에 오염된 식품을 먹거나 숨을 들이마시기만 해도 우리 몸에 흡수될 수 있어요. 그로 인한 피해는 예측할 수도 없어서 더욱 위험성이 커요.

원자력 발전은 과연 효율적인 청정에너지일까요?

원자력 발전은 핵분열이 일어나면서 생기는 힘으로 전기를 만들어요. 수력 발전이나 화력 발전과 비교해 장점이 많다고 여겨져 많은 나라에서 원자력 발전소를 세웠어요. 특히 이산화탄소를 많이 배출하는 화력 발전의 대안으로 주목을 받았죠. 많은 사람이 원자력 발전은 이산화탄소를 배출하지 않는데도 적은 비용으로 많은 전기를 만들어낼 수 있어 효율적이라고 생각했어요. 결국 원자력 발전은 깨끗하고 경제적인 에너지라는 이미지를 얻었어요.

하지만 원자력 발전은 핵발전을 한 후에 핵폐기물이 나와요. 핵폐기물에는 방사선이라는 위험 물질이 있죠. 방사선에 노출되면 세포가 파괴되고 암 등의 심각한 병이 생겨요. 원자력 발전소를 지은 나라들은 핵폐기물을 안전하게 꽁꽁 싸매면 방사성 물질이 나오지 않는다고 했어요. 하지만 방사성 핵종을 포함한 일부 핵폐기물은 10만 년이 지나도 방사선을 배출해요. 아무리 깊은 땅속에 묻는다 해도 앞으로 어떤 일이 벌어질지 모르기 때문에 결국 미래 세대에게 폐기물을 떠넘기는 셈이죠.

탈원전에 성공한 독일

유럽을 비롯한 전 세계는 2011년 후쿠시마 원자력 발전소 사고 이후 심각한 고민에 빠졌어요. 원자력 발전소를 계속 짓는다면 제2의 체르노빌 사태와 후쿠시마 사태가 벌어질 수도 있으니까요. 아무리 장점이 많아도 사고가 나면 사고 지역뿐 아니라 주변 지역까지 방사선에 오염되어 접근하는 것조차 위험해지니까요.

프랑스와 영국은 전기 부족 문제를 해결하기 위해 원자력 발전을 선호해요. 원자력 발전이 많은 전기를 안정적으로 만들 수 있기 때문이에요.

하지만 독일은 후쿠시마 사고 이후 원자력 발전을 폐기하겠다고 선언했어요. 지속 가능한 지구를 만들기 위해 내린 결정이었죠. 실제로 2023년 4월 15일 마지막으로 운영 중인 원자로 3기의 가동을 멈추고 탈원전에 성공했어요. 2022년 기준으로 독일의 전체 에너지 생산량 중 재생 에너지가 차지하는 비중이 45%를 넘어섰다고 해요. 앞으로 2030년까지 재생 에너지 비중을 80%까지 늘리고 2045년에는 완전한 탄소 중립을 이루겠다는 목표를 향해 나아가고 있어요. 탄소 중립은 탄소 배출량을 줄여서 최종적으로 순 배출량을 0이 되게 하는 거예요.

탈원전 운동 — 세계 시민 수업

탈원전은 간단히 말해 원자력 발전소를 더는 사용하지 말자는 것을 뜻해요. 새로 원자력 발전소를 짓지 않는 것은 물론이고 기존에 사용하던 원자력 발전소도 폐쇄하는 것을 뜻하죠. 원자력 발전의 위험성뿐 아니라 미래 세대에게 핵폐기물의 위험을 떠넘기지 않는 것도 중요한 이유가 되었어요. 탈원전 이후에 태양열 발전과 풍력 발전 등 재생 에너지 기술을 발전시켜 친환경 에너지의 비중을 높이는 것이 목표예요.

방사성 폐기물 처리

원자력 발전소에서는 방사성 폐기물이 나와요. 위험도에 따라 저준위, 중준위, 고준위로 나누죠. 사용하고 남은 핵연료(고준위 폐기물)뿐 아니라 원자력 발전소의 부품이나 차폐복(중준위), 작업복과 장갑, 공구, 걸레(저준위)까지 모두 방사성 폐기물이죠. 이 물질들은 방사선과 매우 높은 열을 내뿜기 때문에 폐기할 때 특히 조심해야 해요.

저준위와 중준위 폐기물은 현재 땅속 깊은 곳에 폐기하는데, 고준위 방사성 폐기물은 아직 처리할 방법이 없어요. 세계적으로도 고준위 방사성 폐기물 처리장은 만들어지지 못한 실정이고, 우리나라 역시 아직 원자력 발전소 안에 보관하고 있답니다.

기후를 위해 학교에 안 간다고요?

기후 변화에 대한 대책을 마련하라

#기후_변화 #지구_온난화 #온실가스
#그레타_툰베리 #미래를_위한_금요일 #투발루

사건명	기후를 위한 등교 거부 시위
발생일	2018년 8월 20일

지구를 살리기 위해 등교 중지를 선언한 툰베리

2018년 8월 어느 날, 스웨덴의 16세 청소년 그레타 툰베리는 가방을 메고 집을 나섰어요. 툰베리의 발걸음은 학교가 아닌 의회로 향했어요. 친구들이 학교에서 공부할 때 툰베리는 의회 건물 밖에 자리를 잡고 앉았어요. 툰베리가 집에서 가져온 손팻말에는 '기후를 위해 결석'이라고 쓰여 있었죠.

툰베리는 아홉 살 때 선생님에게 기후 변화로 위험에 처한 북극곰과 지구 환경 이야기를 듣고 충격을 받았어요. 이후 기후 변화에 대해 공부하기 시작했어요. 기후 변화를 막기 위해 무슨 일이든 해야 한다는 생각에 불타올랐어요. 일단 모든 사람이 이 문제에 관심을 갖게 하는 일이 급선무라고 보았어요. 기후 변화가 우리 문명을 위협하는데 주변의 어른들 누구도 이 문제에 관심이 없는 듯 보였기 때문이에요. 2018년 스웨덴에 유례없는 폭염으로 곳곳에서 산불이 일어났어요. 툰베리는 어른들에게 책임을 물어야 한다고 생각했어요. 이후 툰베리는 매일 학교가 아니라 의회로 향했어요. 지구 온난화가 심각해지고 있는데, 아무런 대책을 세우지 않는 어른들과 여러 나라 정부를 향해 툰베리는 외쳤어요. 불타는 지구를 구해달라고요. 자녀를 사랑한다면 그들이 살아갈 미래의 지구를 위해 행동에 나서달라고요. 툰베리의 이유 있는 결석은 SNS를 타고 전 세계로 퍼져 나갔어요.

🌎 지구 온난화를 막기 위해 비행기 대신 요트를 선택했어요

툰베리의 외침에 전 세계 청소년들은 응답하기 시작했어요. 지구의 고통을 외면하는 어른들의 변화를 요구하는 청소년들이

지구 온난화의 심각성을 이야기하는 그레타 툰베리.

툰베리의 시위에 함께했죠. 133개국 160만 명 학생들이 학교 가기를 거부하며 매주 금요일에 시위했죠. "우리의 미래를 태우지 마라." "우리에게 플래닛(Planet) B는 없다." 미래 세대의 구호로 온 세계가 떠들썩했어요. '미래를 위한 금요일'이라는 이름의 이 운동으로 사람들은 지구 온난화의 심각성을 깨닫게 되었어요.

유엔 기후 행동 정상 회의에 참석하기 위해 툰베리는 대서양이라는 큰 바다를 건너야 했어요. 비행기를 타고 회의에 참석하는 것은 목적에 맞지 않는다고 생각했죠. 비행기는 석유와 같은 화석 연료에 기반한 항공유를 사용하는데, 이 화석 연료에서 지구를 뜨겁게 달구는 탄소가 배출되니까요. 그녀는 지구에 나쁜 영향을 미치지 않는 태양에너지로 움직이는 요트를 타고 가기로 했어요. 무려 15일이나 걸리지만 말이죠.

스웨덴에서 미국까지 4,800km, 태양광 요트를 타고 온 툰베리는 유엔 기후 행동 정상 회의에서 청소년 대표로 연설했어요. 그녀는 2019년 노벨평화상 후보에까지 올랐어요.

전 지구적으로 비정상적인 기후가 나타나고 있어요

　지구 온난화는 지구의 온도가 점점 올라가는 현상인데요, 기후가 이상하게 변하는 대표적 문제예요. 이를 기후 변화라고 해요. 최근에는 이상 기후 현상이 심각해지면서 기후 변화가 아니라 기후 위기라는 말을 쓰기도 해요.

　2020년 우리나라도 54일 연속 비가 내린 비정상적인 장마를 겪었어요. 중국 남부에서는 엄청난 양의 비가 내려 120명이 죽기도 했어요. 인도 북부 히말라야산맥의 빙하가 녹아 생긴 홍수로 200명이 넘는 사람들이 목숨을 잃기도 했죠. 비가 내리지 않아 생긴 가뭄으로 호주에서는 최악의 산불이 일어났는데요. 6개월 동안 계속된 산불은 한반도 넓이의 85%에 해당하는 숲을 불태웠죠. 그뿐만 아니라, 10억 마리가 넘는 야생 동물이 죽었어요. 특히 호주를 상징하는 코알라는 멸종 위기에 처했죠.

🔍 가라앉고 있는 투발루 사람들의 절박한 상황을 외면하면 안 돼요

지구의 평균 온도는 산업화 이후 섭씨 1.09도가 올라갔어요. 환경 단체는 지구 온도가 1.5도 이상 오르면 인류는 심각한 위험을 겪을 거라고 경고해요. 1.5도가 별거 아니라고 여길 수도 있는데요. 우리 몸을 한번 생각해보아요. 정상 체온이 36.5도인데, 1.5도 오르면 38도가 되죠. 그러면 제대로 생활할 수 없을 정도로 몸이 힘들어져요.

지구도 똑같아요. 지구 온난화가 심해지면 빙하가 녹아 바닷물의 평균 높이가 올라가요. 바다와 접한 곳 중 낮은 땅은 사람이 살 수 없는 바다가 되죠. 인구 9,500명 정도가 사는 남태평양의 섬나라 투발루의 외무장관은 무릎까지 차오른 바닷물 속에서 연설했어요. 투발루가 가라앉고 있다고요. 기후 위기에 전 세계가 행동으로 보여달라고 말이죠.

세계 시민 수업

지구의 온도가 상승하면

- **1도 상승** 극지방의 빙하가 녹아 해수면의 높이가 10cm 상승해요. 지구 전체 생물의 10%가 멸종하고 매년 30만 명이 더위와 전염병으로 사망해요.
- **2도 상승** 지구 생물의 33%가 멸종하고, 열대 지방 농작물 감소로 5억 명이 굶주림에 시달려요. 매년 6천만 명이 말라리아에 걸릴 수 있어요.
- **3도 상승** 지구 생물의 50%가 멸종하고, 10~40억 명이 물 부족에 시달려요. 아마존 열대 우림이 마르거나 불에 타 대량으로 이산화탄소가 배출되면서 지구의 온도 조절이 불가능해져요.
- **4도 상승** 유럽의 온도가 50도까지 오르고, 많은 나라가 사막으로 변해요. 지구는 회복할 수 없는 수준으로 병들어요.
- **5도 상승** 히말라야산에서 눈이 사라지고, 일본은 물론이고 서울과 뉴욕, 런던 등 주요 대도시가 바다에 잠겨요. 환경은 5,500만 년 전으로 돌아가요.
- **6도 상승** 지구 생명의 95%가 멸종하고, 지구의 환경은 2억 5천만 년 전의 상태로 돌아가요.

🔍 산업화

산업화는 물건을 생산하는 제조업의 비중이 확대되는 변화 현상을 말해요. 증기 기관과 기계 공업이 발달하면서 산업 생산이 농업 생산을 증가하게 되고, 그 결과 사회, 경제, 문화 전반에 커다란 변화가 일어나요. 산업화를 공업화라는 말로 표현하기도 하는데, 산업화가 되면 전체적인 부가 늘어나고 인구가 증가해요. 하지만 그에 따라 환경 오염 같은 부작용도 나타난답니다.

쓰레기를 수출한다고요?

쓰레기를 둘러싼 갈등

#쓰레기_문제 #해양_쓰레기 #국제_분쟁 #미세_플라스틱

사건명: 수출한 쓰레기를 되가져간 캐나다
발생일: 2019년 5월 31일

📍 '쓰레기 전쟁'을 선포한 필리핀 대통령

필리핀에서 출발한 69개의 컨테이너 화물선이 캐나다의 항구에 도착했어요. 이 컨테이너에 실린 물건은 쓰레기였어요. 이 엄청난 양의 쓰레기는 캐나다가 필리핀에 수출한 거였어요. 재활용 산업이 발달하면서 선진국에서 나오는 쓸모없는 물건들이 개발 도상국으로 수출되는데, 문제는 '재활용품'으로 둔갑한 진짜 쓰레기도 수출된다는 거예요. 캐나다에서 들어온 배 안에는 재활용할 수 없는 쓰레기로 가득했죠.

필리핀은 쓰레기를 다시 가져가라 했지만, 6년이 넘는 시간 동안 캐나다는 나 몰라라 했어요. 필리핀의 로드리고 두테르테 대통령은 쓰레기를 가져가지 않으면 직접 배를 타고 가 캐나다 해안에 버리겠다고 했죠. 쓰레기 전쟁을 선포하겠다며 목소리를 높였어요.

📍 부자 나라가 만들어낸 쓰레기를 가난한 나라에 떠넘기고 있어요

그동안 전 세계에서 발생한 쓰레기의 절반은 중국이 수입해왔어요. 주로 플라스틱과 종이 등이었죠. 중국은 경제가 발전하면서 더는 쓰레기를 수입하지 않겠다고 선언했어요. 그래서 상대적으로 규제가 덜한 인도네시아, 필리핀 등 동남아시아 국가로 쓰레기가 가게 되었죠. 쓰레기를 수출하는 나라는 미국, 영국 등 선진국이에요.

2019년 영국의 어느 컨설팅 기업이 발표한 내용에 따르면, 미국은 한 사람이 1년에 773kg의 쓰레기를 버려요. 에티오피아의 7배에 해당하죠. 쓰레기를 수입하는 나라는 환경 법률이 느슨한 개발도상국이에요. 부자 나라의 쓰레기를 가난한 나라가 떠맡는 셈이죠.

📍 특히 플라스틱은 심각한 문제를 일으켜요

인간은 지구의 생명체 중 유일하게 쓰레기를 배출하는 존재예요. 특히 심각한 쓰레기는 석유로 만들어진 플라스틱인데요. 땅속에 묻어도 썩지 않고, 불에 태우면 유독가스가 발생하죠. 땅을 오염시켜 동식물에 나쁜 영향을 미치고, 물을 오염시켜요. 바다에 버려도 잘게 분해될 뿐 사라지지 않아요. 미세 플라스틱으로 남아 바다 생물의 목숨을 위협하죠.

선진국들은 오랫동안 자기네가 처리하지 못하는 쓰레기를 필리핀과 중국 등에 떠넘기듯 수출했어요.

생명의 원천인 바다는 인류가 버린 쓰레기로 심한 몸살을 앓고 있어요.

인도네시아 해변에 떠밀려 온 고래의 배 속에서 플라스틱 컵 115개와 플라스틱병 4개, 비닐봉지 25개가 나온 적이 있어요. 우리에게 너무도 익숙한 이 물건들이 인간이 아닌 누군가를 죽게 만든다는 사실을 알게 되었죠. 우리가 만든 쓰레기가 환경과 생태계를 파괴한 후 마지막에는 인간에게도 위협을 가하겠죠.

일회용품을 10%만 줄여도 바다 플라스틱 쓰레기 절반이 줄어들어요

사실 캐나다뿐 아니라 우리나라도 필리핀에 수출했던 쓰레기를 되가져온 적이 있어요. 선진국 사람들의 풍요로운 삶의 결과로 쓰레기는 쉴 새 없이 나와요. 하지만 우리가 버린 생수병, 음식물 포장 용기, 비닐봉지가 가난한 나라의 땅과 물을 오염시키고 있어요. 그 땅에 사는 사람들의 건강도 해치고 있고요. 코로나19로 인해 마스크와 같은 일회용품 사용이 늘면서 쓰레기는 폭발적으로 늘어나고 있어요.

동남아시아 국가들이 쓰레기 수입을 중단하면 이 쓰레기는 더욱 가난한 나라를 찾아가겠죠. 일회용품 사용을 10%만 줄여도 바다 쓰레기의 절반이 줄어든다고 해요. 오늘부터 생수병 대신 텀블러에 물을 담아보는 건 어떤가요?

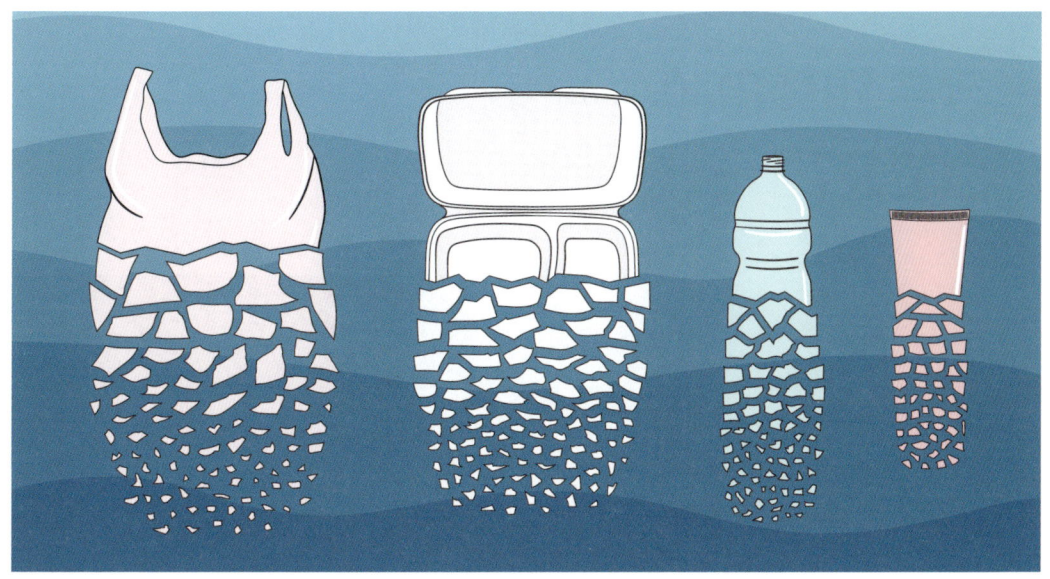

우리가 편히 쓰는 플라스틱 제품은 잘게 부서져 미세 플라스틱이 되어 환경과 생명에 큰 위협이 되고 있어요.

 미세 플라스틱

미세 플라스틱은 학자마다 정의하는 기준이 다르지만, 대략 지름 5mm 이하의 플라스틱 조각을 말해요. 우리 눈에 보이는 작은 플라스틱 조각부터 화장품, 치약, 물티슈, 섬유, 타이어 등에 사용되는 눈에 보이지 않을 정도로 아주 작은 마이크로비드 역시 미세 플라스틱이에요. 미세 플라스틱은 공기나 물을 통해 사람을 비롯한 생명체가 흡입하는데, 이때 신경계 이상, 염색체 손상, 피부 질환, 암 발생 등 예상치 못한 다양한 결과를 불러와요.

플라스틱 대륙

2023년 미국의 환경 보호 단체인 '5자이어스연구소'는 세계의 바다에 떠다니는 미세 플라스틱 입자가 총 171조 개에 달하고 무게만 230만 톤으로 추정된다는 연구 결과를 발표했어요. 경제 협력 개발 기구(OECD) 통계에 따르면 세계에서 사용되는 모든 플라스틱 제품 중에서 재활용되는 것은 9%뿐이고, 남은 플라스틱 쓰레기는 대부분 바다로 흘러가요.

1997년 태평양 북부 중간쯤에서 2개의 커다란 쓰레기 섬이 발견되었어요. 인간이 버린 쓰레기들이 모여 이루어진 섬이죠. 우리나라 면적의 16배 정도에 무게는 8만 톤이라고 해요. 바닷물의 흐름에 따라 쓰레기들이 떠다니디 한곳에 모여 하나의 섬을 이루었다고 해요.

인간도 멸종될 수 있다고요?

생물 다양성 파괴

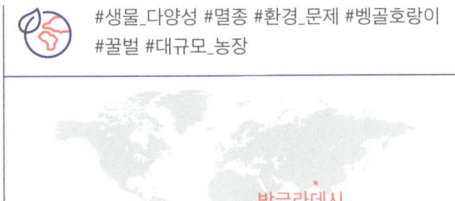

#생물_다양성 #멸종 #환경_문제 #벵골호랑이
#꿀벌 #대규모_농장

사건명: 벵골호랑이 밀렵꾼 체포
발생일: 2021년 5월 29일

📍 벵골호랑이 70마리를 잡은 사냥꾼이 경찰에 체포되었어요

호랑이는 동물의 왕으로 불리며 인류 역사와 함께 큰 사랑을 받았어요. 범접할 수 없는 용맹함을 지닌 호랑이는 신성하게 여겨지며 힘과 권력을 상징하기도 했죠. 그래서일까요? 호랑이의 모피가 사람들에게 사치품으로 인기를 끌게 되었어요. 또한 호랑이 뼈가 약으로 효과가 있다는 소문이 돌며 호랑이를 잡는 사냥꾼이 늘어났어요.

법으로 사냥을 금지한 동물을 잡는 것을 밀렵이라고 하는데요. 방글라데시에는 호랑이 밀렵꾼으로 유명한 하빕 탈룩더라는 인물이 있었어요. 방글라데시 경찰은 20년 동안 추적한 끝에 탈룩더를 체포했어요. 그는 벵골호랑이를 무려 70마리나 잡은 것으로 알려졌어요.

📍 호랑이가 상상 속의 동물로 남을지도 몰라요

호랑이는 총 9종이 있었는데요, 현재 3종은 멸종하고 6종만 남은 상태예요. 이 중 인도

벵골호랑이는 밀렵꾼들 탓에 멸종 위기에 처해 있어요.

와 방글라데시에 주로 사는 벵골호랑이는 멸종 위기에 처해 있어요. 현재 약 5천 마리가 이 지역에 살고 있어요. 탈룩더와 같은 밀렵꾼들 때문에 호랑이 수가 줄어들고 있어요.

하지만 더 큰 이유는 인간의 활동 때문이에요. 인도네시아의 수마트라호랑이는 400마리 정도가 남은 것으로 알려졌는데요. 농업 기업들이 인도네시아 열대 우림의 나무를 베어내고 대규모 농장을 만들었어요. 숲이 사라지자 호랑이들은 살 곳을 잃어버렸죠.

지구 온난화로 인한 기후 변화도 멸종의 큰 원인이에요. 해수면 상승으로 호랑이 서식지가 물속에 잠기게 되면 멸종이 가속화될 거라고 해요. 호랑이뿐 아니라 수많은 동식물도 이와 비슷한 위기에 놓였어요.

생물 다양성을 보존하는 것은 지구 생태계를 지키는 일이에요

생물 다양성은 지구의 모든 생명체가 다양한 종을 지키며 각자의 역할을 통해 생태계를 유지하는 것을 말해요. 최근에는 꿀벌이 멸종 위기라고 하는데요. 꿀벌은 작은 곤충이지만,

생태계에 미치는 영향은 대단해요.

지구의 모든 생명은 서로 그물처럼 연결되어 있어요. 이는 공존과 조화, 그리고 생물 다양성을 지키는 길이에요.

꿀벌은 식물 사이에 꽃가루를 옮기면서 열매가 잘 맺히도록 도와줘요. 우리가 먹는 채소와 과일의 3분의 1 정도는 꿀벌 덕분에 만들어진답니다. 예를 들어 우리가 좋아하는 아몬드는 꿀벌이 사라지면 더는 먹을 수 없어요. 꿀벌이 있어야 식물들이 잘 자라고, 그 식물들이 만든 열매를 사람이나 동물이 먹으며 생태계가 유지될 수 있어요.

이처럼 생물 다양성은 지구 전체를 지키는 일이에요. 서로가 서로에게 영향을 주고받는 환경이 되는 거죠. 깨끗한 물과 식량을 제공해주며, 건강하게 살 수 있는 백신이 되고 있어요.

대규모 농업은 한 가지 작물만을 키우기 위해 거대한 숲을 해치고 생물 다양성을 파괴해요.

지구의 주인은 인간이 아니에요

인간의 이기심으로 지구상에 존재하는 많은 동식물이 사라지고 있어요. 지금처럼 인간이 환경을 파괴하는 활동을 계속한다면 지구는 더는 버티지 못할지도 몰라요. 종이 다양할수록 세상은 더 살기 좋아지는데요. 세계적인 동물학자 제인 구달은 생물 다양성을 '생명의 그물망'이라고 했어요. 거미줄 한두 개가 끊어진다고 당장 큰일이 일어나지 않지만, 결국 거미줄 전체가 약해져 언젠가는 붕괴한다는 거죠.

인간에 의해 발생한 기후 변화는 자연재해로 인간에게 돌아오고 있어요. 코로나19와 같은 전염병이 도는 것도 생태계 파괴와 무관하지 않아요. 6,600만 년 전 지구를 호령했던 공룡도 멸종했었어요. 인간도 언제 멸종 위기에 처할지 몰라요. 지구의 주인은 인간이 아니라 육지와 바다에 있는 모든 생명체랍니다.

대규모 농장

현대의 농업은 한 가지 특정한 작물을 재배하는 거대한 농장 위주로 이루어져요. 이런 것을 플랜테이션 농업이라고 해요. 주로 아열대 기후인 동남아시아와 아프리카, 남아메리카 지역에서 이루어지죠. 선진국의 돈 많은 농업 회사들이 이들 대륙의 땅을 대규모로 구입해 운영해요. 대규모 농장은 수백 년 동안 자란 밀림을 파괴하고, 다양한 식물과 동물이 살던 곳을 모두 없애 한 가지 작물만 키우기 때문에 생물 다양성을 해치고, 자연재해에도 취약하게 만들어요. 또 지역 주민들을 저임금과 장시간 노동으로 내모는 등 인권 문제도 심각해요.

여섯 번째 대멸종?

지난 2020년 미국 스탠퍼드대학교의 폴 에를리히 교수 연구팀은 육지의 척추동물 500종 이상이 멸종 직전에 놓여 있다고 경고했어요. 그는 2015년에 지구에서 여섯 번째 대멸종이 진행되고 있다는 연구를 발표한 적도 있죠. 에를리히 교수가 경고한 대멸종은 자연 현상이 아니라 인류에 의해 이루어지는 멸종이에요. 그는 이 연구가 종 보호와 생태계 유지에 힘쓰는 계기가 되기를 바란다고 했죠.
지구에서는 지금까지 5번의 대멸종이 일어났어요. 4억 5천만 년 전 오르도비스기 대멸종, 3억 6천만 년 전 데본기 대멸종, 2억 5,200만 년 전 페름기 대멸종, 2억 100만 년 전 트라이아스기 대멸종, 그리고 6,600만 년 전 소행성 충돌로 인한 대멸종이죠. 이때는 생물종의 75%가 멸종했어요.

코로나19가 인간 때문에 생겼다고요?

환경 파괴와 전염병

#코로나19 #감염병
#팬데믹 #환경_파괴

사건명 **코로나19의 팬데믹 선언**
발생일 2020년 3월 11일

📍 코로나19가 전 세계적으로 퍼져 수많은 사람이 목숨을 잃었어요

2019년 12월 중국 우한에 사는 사람들이 집단으로 폐렴에 걸렸어요. 이 폐렴의 원인은 새로운 바이러스였어요. 세계 보건 기구(WHO)는 COVID-19라는 공식 명칭을 정했어요. 우리말로 코로나바이러스 감염증19라 번역되는데, 일반적으로 코로나19로 불리죠. '코로나'는 바이러스 이름이고, 19는 2019년도에 발생했다는 의미예요.

코로나19에 감염된 사람들이 폭발적으로 늘어나자 우한시는 도시를 봉쇄했어요. 전염병이 도는 도시에 갇힌 주민들은 공포에 떨어야 했어요. 우한을 봉쇄했지만, 바이러스는 중국을 넘어 아시아로 퍼졌어요. 두 달 만에 전 세계로 퍼진 코로나19는 수많은 사람을 감염시켰고, 사망자가 눈덩이처럼 불어났어요. 세계 보건 기구는 2020년 3월 11일 코로나19의 팬데믹을 선언했어요. 팬데믹이란 전염병이 유행해 전 세계가 큰 위험에 빠졌다는 의미예요.

코로나19의 근본 원인은 기후 변화예요

세계 보건 기구는 코로나바이러스가 박쥐에서 시작되었다고 봤어요. 이 바이러스가 중간 동물을 거쳐 인간에게 전염되었을 가능성이 크다고 했죠. 박쥐와 인간 모두에게 감염이 되는 병이라는 거예요. 영국 케임브리지대학교 연구팀도 코로나19를 연구했는데, 그들은 기후 변화가 코로나19의 근본적 원인이라 결론 내렸죠.

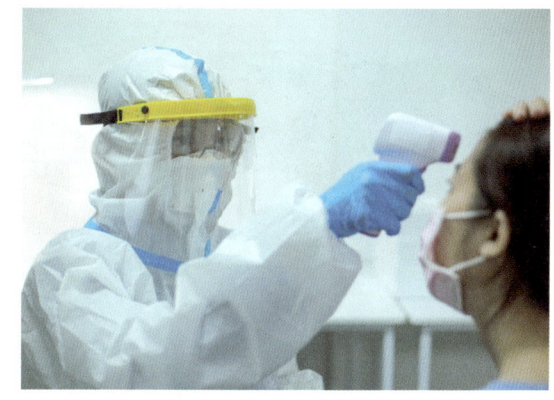

수많은 의료진의 희생 덕분에 인류는 팬데믹의 위험에서 벗어났어요.

기후 변화로 식물 분포가 달라지며 중국 남부의 숲은 박쥐가 살기에 적합해졌어요. 40종의 박쥐가 새로 이 숲에 들어오며 바이러스가 발생할 가능성이 커졌죠. 기후 변화로 더는 이 숲에 살기 어려운 다른 종의 박쥐들은 바이러스를 지닌 채 다른 지역으로 이동하기도 했어요. 이 과정에서 바이러스 변이가 생기거나 사람에게 전파했을 수 있죠.

인간이 환경을 파괴하면 파괴된 환경은 전염병으로 인간에게 돌아와요

인간은 더 편안하고 풍요로운 생활을 위해 지나치게 개발하고 있어요. 환경 파괴는 지구의 기능을 망가뜨리고 있어요. 숲에 살던 바이러스가 산림 파괴로 인간과 만나게 되면서 새로운 전염병이 생겨요. 1만 명이 넘는 사람들을 죽음으로 몰아간 에볼라 바이러스가 그래요. 지구 온난화로 지구 기온이 올라가면 바이러스의 종류가 늘어나고 활동성이 커져요. 북극과 남극의 빙하가 녹으면 그 속에 잠자고 있던 새로운 바이러스가 퍼질 수도 있다고 해요.

세계 보건 기구는 지구 온도가 1도 올라가면 전염병이 4.7% 증가할 수 있다고 경고했어요. 코로나19를 생물학적 질병이 아닌 사회적 질병으로 보아야 한다는 이유가 여기에 있어요. 코로나19의 유행으로 인류는 환경을 보호해야 할 필요성을 절실히 깨닫게 되었어요. 그뿐만 아니라 세계 각 나라의 불평등도 줄여야 전염병을 막을 수 있어요. 세계화 시대에 한 나라에서 시작된 전염병은 곧 전 세계로 퍼져 나가니까요.

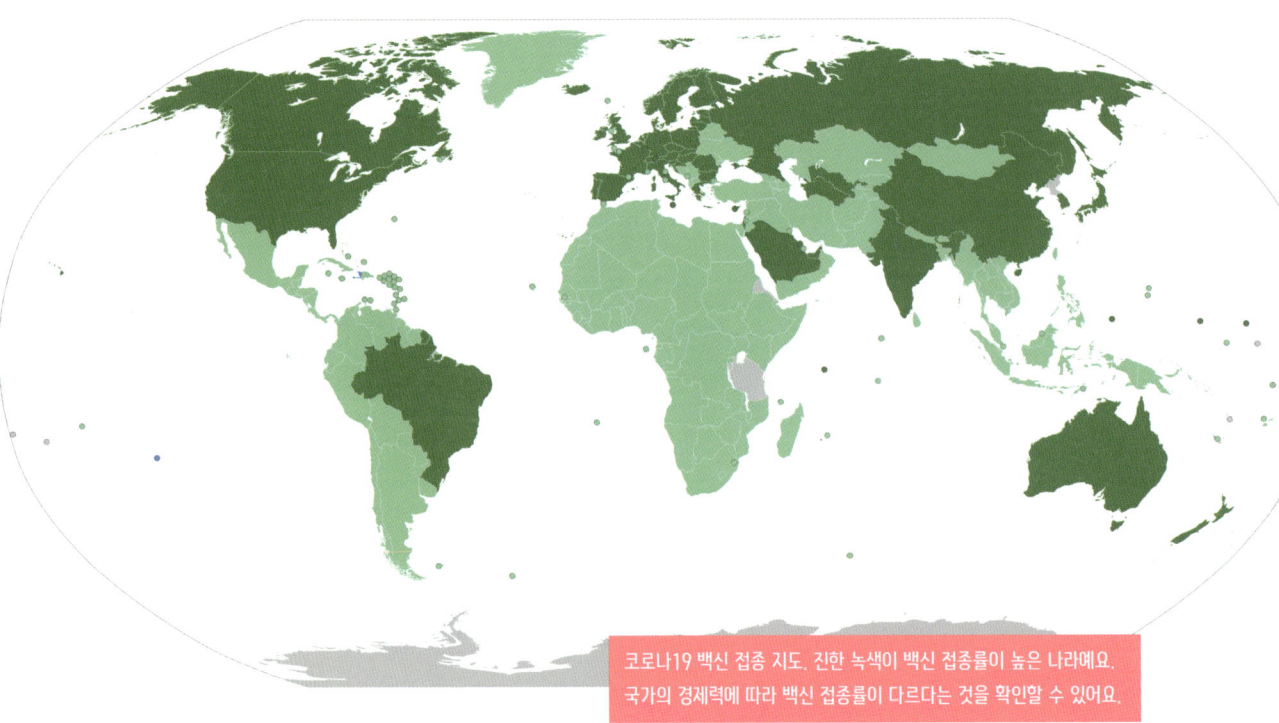

코로나19 백신 접종 지도. 진한 녹색이 백신 접종률이 높은 나라예요. 국가의 경제력에 따라 백신 접종률이 다르다는 것을 확인할 수 있어요.

새로운 바이러스의 등장은 인간 때문

세계 시민 수업

한때 인류를 위협한 메르스와 에볼라 바이러스 등도 낙타와 박쥐에서 인간으로 옮겨진 전염병이에요. 새로운 바이러스가 자꾸 나오는 이유는 인간 때문이라고 해요. 바로 인간의 환경 파괴가 생태계를 변형시키면서 문제가 생기는 거죠. 에볼라 바이러스도 아프리카의 도시화 개발 과정에서 인간에게 나타났어요. 생물의 종이 다양할수록 바이러스가 희석되어 전염성이 낮아지는데, 멸종하는 동물이 많아지면서 오히려 전염성이 커져요. 야생 동물이 죽게 되면 바이러스가 빠져나와서 새로운 숙주를 찾기도 하는데, 바이러스가 찾는 새로운 숙주가 인간이 되는 거예요.

인수 공통 감염병

사람뿐 아니라 동물도 감염병에 걸려요. 하지만 대부분 감염병은 동물끼리 혹은 사람끼리 걸리죠. 간혹 동물과 사람이 함께 걸리는 병이 있는데, 이것을 인수 공통 감염병이라고 해요. 동물과 사람 사이에 상호 전파되는 병원체에 의해 발생하는 전염병을 말해요. 중세 시대 유럽 인구의 3분의 1이 희생당한 페스트(흑사병)도 인수 공통 감염병이었고, 1918년 5천만 명의 희생자를 일으킨 스페인 독감, 우리에게 익숙한 일본 뇌염과 조류 인플루엔자, 돼지독감, 급성 호흡기 증후군(사스), 메르스 등도 인수 공통 감염병이에요.

경제 발전 정책이 범죄가 된다고요?

경제 발전 정책으로 고발당한 대통령

#환경_문제 #환경_파괴 #아마존 #열대_우림
#생물_다양성

브라질 | 수리남 | 프랑스령 기아나
베네수엘라 | 콜롬비아 | 페루
볼리비아 | 가이아나 | 에콰도르

사건명 환경 단체의 브라질 대통령 고발 사건
발생일 2021년 10월 12일

환경 단체가 브라질 대통령을 고발했어요

2021년 10월 국제 환경 단체 '올라이즈(AllRise)'가 브라질의 자이르 보우소나루 대통령을 국제 형사 재판소(ICC)에 고발했어요. 올라이즈는 보우소나루 대통령이 환경 범죄를 저질렀다고 주장했죠. 2019년 보우소나르 대통령이 정권을 잡은 후 아마존 열대 우림 파괴가 심각해졌다는 거예요. 그가 고발당한 것은 이번이 처음이 아니에요. 브라질의 법률가들이나 원주민들도 환경을 파괴하고 원주민의 삶에 위협을 가했다는 이유로 여러 번 그를 고발했어요. 하지만 브라질 대통령은 경제 발전을 위축시키려는 음모라며 잘못을 인정하지 않았어요.

아마존 열대 우림은 지구를 지키는 중요한 역할을 해요

남아메리카에 있는 아마존은 대표적인 열대 우림이에요. 열대 기후 지역의 울창한 숲을

ⓒ Neil Palmer/CIAT

열대 우림이라 하는데, 아마존은 지구 열대 우림의 절반을 차지해요. 브라질, 페루, 콜롬비아, 베네수엘라 등 9개 나라에 걸쳐 있어요. 그 면적이 700만 평방미터(인도의 2배)에 달해요. 아마존 열대 우림은 이산화탄소를 흡수하고 산소를 배출하는 역할을 하죠. 지구 온난화의 주범인 이산화탄소를 줄여주기 때문에 중요해요. 우리가 숨 쉬지 못하면 살 수 없듯, 아마존이 있어 지구가 숨을 쉴 수 있어요. 그래서 아마존을 지구의 허파라고 불러요. 또 지구 온난화로 인한 극심한 가뭄이나 홍수, 기온 상승 등의 기후 변화도 아마존의 숲이 막아줄 수 있어요. 아마존은 지구 생물종의 4분의 3이 살고 있어 생명의 보물창고로도 불리죠.

브라질은 경제 발전을 이유로 아마존의 숲을 파괴했어요

보우소나루 대통령은 브라질의 경제를 발전시키겠다면서 환경 보호를 위한 규제를 풀었어요. 아마존 열대 우림 지역을 개발해 농업을 발달시키고, 나무를 베어 팔고 금을 캘 수 있

브라질의 아마존 열대 우림은 생명 다양성의 희망이에요.

도록 했죠. 울창한 밀림을 뚫고 고속 도로를 만들기도 했죠. 농업 기업들은 아마존의 나무를 베거나 불을 질러 산림을 파괴했어요. 이 땅에 대규모의 농장을 만들어 소와 같은 가축을 키우거나 콩, 기름야자 나무를 키웠어요. 그 결과 브라질의 아마존 지역은 급격히 줄어들고 있어요. 3년이 채 안 되는 기간에 축구장 300만 개가 넘는 넓이의 숲이 사라졌어요.

환경도 지키고 경제도 발전할 수 있는 지혜를 모아야 해요

열대 우림 파괴는 브라질만의 문제가 아니에요. 아시아의 인도네시아와 메콩강 유역, 아프리카의 숲도 사라지고 있어요. 열대 우림은 주로 개발 도상국에 분포해 있어요. 선진국이 함께 나서야 한다는 생각에 전 세계가 머리를 맞대고 대책을 강구하고 있어요. '아마존 기금'과 같은 지원금을 브라질에 제공해 아마존을 보호하도록 요청하고 있죠. 개발 도상국이 경제 발전을 위해 산림을 파괴하는 것을 무조건 막아서는 효과가 없기 때문이에요. 열대 우림

개발 때문에 아마존의 열대 우림이 파괴되고 있어요. 땅을 개간하기 위해 숲에 불을 지르기도 해요.

이 사라지면 지구의 생태계와 기후, 인간 생활까지 큰 영향을 받게 되기 때문에, 열대 우림을 보호하는 것은 매우 중요해요. 환경 파괴를 최소화하면서 경제를 발전시키기 위해 지혜를 모아야 해요.

열대 우림이 얼마나 파괴되었을까요? — 세계 시민 수업

브라질의 아마존 열대 우림은 산업화 이후 꾸준히 파괴되었어요. 통계에 따르면 2009년부터 2018년까지 브라질의 아마존 열대 우림은 해마다 6,500km²씩 파괴되어왔어요. 하지만 자이르 보우소나루 대통령이 취임한 2019년부터는 그 수치가 1만 km²를 넘어섰다고 해요. 특히 2019년부터 2021년까지 3년 동안 미국의 메릴랜드주보다 더 넓은 면적의 열대 우림이 파괴되었다고 해요.

 세계 3대 열대 우림

남아메리카의 아마존   세계에서 가장 큰 열대 우림이에요. 브라질 국토의 40%를 차지하며 아마존강을 중심으로 다양한 식생이 특징이죠.

아프리카의 콩고 분지   아프리카 중서부 콩고강을 중심으로 펼쳐져 있어요. 분지 주변에 다양한 광물이 매장되어 있고, 고릴라, 침팬지, 코끼리, 버펄로 등 대형 포유류가 서식해요.

인도네시아 열대 우림   세 번째로 큰 열대 우림이에요. 이곳은 특히 목재를 얻기 위한 벌채가 심각해요. 우리나라에서 사용하는 목재의 90%가 이곳에서 수입돼요.

환경에도 정의가 있다고요?

환경 불평등

#기후_위기 #기후_변화 #지구_온난화 #온실가스
#환경_정의 #환경_문제 #해수면_상승

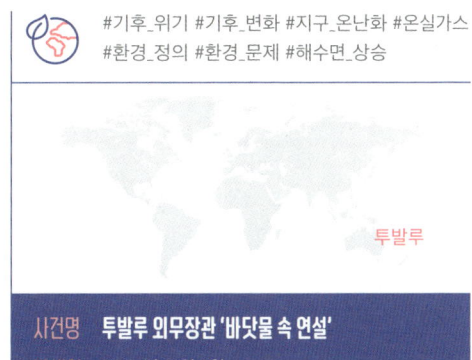

사건명 투발루 외무장관 '바닷물 속 연설'
발생일 2021년 11월 5일

🔍 바닷물 속에서 연설한 정치인

2021년 11월 8일, 유엔에서 기후 변화 대응을 위한 국제회의가 열렸어요. 이때 투발루 외교부 장관의 화상 연설에 전 세계인의 관심이 쏠렸어요. 정장을 입은 그는 허벅지까지 차오른 바닷물 속에서 연단을 앞에 두고 연설을 했거든요. 그가 이렇게 독특한 연설을 한 이유는 투발루의 현실을 생생히 보여주기 위해서였죠.

남태평양의 섬나라 투발루는 9개의 섬으로 이루어진 작은 나라예요. 이 아름다운 나라의 섬은 점점 가라앉고 있어요. 지구 온난화로 인해 해수면이 상승하기 때문이에요. 2개의 섬은 완전히 물에 잠겨버렸어요. 바다와 접한 해안이 물에 잠겨 섬사람들은 좀 더 높은 땅으로 이동하고 있어요. 고향을 떠나 새로운 정착지에서 제대로 된 집도 없이 사는 이들도 있어요. 바닷물이 수시로 넘어와 농사를 짓지 못하게 된 사람들은 생선과 통조림에 의지해 살죠. 채소를 먹지 못해 비만 인구도 늘어나고 있어요.

🔍 지구 온난화에 책임이 없는 나라들이 피해를 보고 있어요

유엔 보고서는 21세기 안에 남태평양 섬나라들이 모두 사라질 수 있다고 경고했어요. 지

지구 온난화로 해수면이 상승하면서 태평양의 작은 섬나라들은 나라가 바다에 잠길 위기에 처했어요.

구 온난화로 투발루를 비롯한 섬나라들이 물속에 완전히 잠길 수 있다는 얘기죠. 투발루가 처한 상황은 투발루의 잘못이 아니에요. 지구 온난화의 주된 원인은 이산화탄소와 같은 온실가스인데, 태평양의 섬나라가 배출하는 온실가스는 지구 전체 배출량의 0.03%에 불과해요. 세계 인구의 20%에 해당하는 선진국에서 70%의 온실가스를 배출하죠.

선진국이 주로 분포하는 북반구의 온대 기후 지역은 해수면 상승의 피해를 그다지 보지 않아요. 해수면 상승으로 물에 잠기는 섬들은 주로 열대 기후 지역에 있어요. 지구 온난화에 책임이 없는데도 피해를 고스란히 입고 있죠. 기후 변화로 인해 고향을 떠나는 기후난민이 매년 2천만 명이 넘어요.

환경 정의, 환경 문제는 평등하고 정의로워야 해요

환경 정의라는 말이 있어요. 환경으로 인한 혜택이나 파괴의 피해가 평등하고 정의로워야 한다는 말이에요. 환경 불평등의 문제를 없애는 것이 환경 정의를 이루는 건데요. 선진국이 잘못했는데, 피해는 엉뚱하게 개발 도상국에 돌아간다면 정의롭지 못한 거죠.

환경 파괴의 피해는 부유한 나라보다 가난한 나라에서 심각해요. 기후 변화로 인한 지진 해일이나 홍수, 가뭄 등의 자연재해가 개발 도상국에 더 자주 일어나기 때문이에요. 위험 시설이나 쓰레기 등의 오염 물질이 선진국에서 개발 도상국으로 이동하는 문제도 심각해요. 국가 내에서도 가난한 사람들의 피해가 커요. 부유한 사람들은 큰 차를 타며 탄소를 마구 배출하지만, 공기청정기와 에어컨을 쓰고, 병원에도 자주 가서 피해를 덜 입으니까요.

환경 정의는 불평등의 문제를 해결하는 거예요

환경 불평등은 사람과 동식물 사이에도 있어요. 인간이 환경을 파괴하면 동식물이 사라지거나 다칠 수 있어요. 우리가 편리하게 살기 위해 많은 탄소를 배출하면, 다음 세대가 피해를 보게 돼요. 예를 들어, 대기 오염으로 맑은 공기를 마시지 못하고, 전염병이 퍼지는 것도 미래 세대가 겪는 어려움이에요.

또한, 원자력 발전소나 쓰레기 처리장 같은 시설은 도시 사람들에게 필요한데, 주로 인구가 적은 시골에 지어져요. 환경 정의란 이런 불평등을 해결하고, 지구를 모두가 함께 잘 살아갈 수 있는 곳으로 만드는 거예요. 환경을 많이 파괴한 나라들은 더 책임을 지고, 지구를 지키는 일에 앞장서야 해요.

기후 변화의 책임은 누구에게?   **세계 시민 수업**

2023년 11월 20일 국제 구호 기구인 옥스팜은 〈기후 평등: 99%를 위한 지구〉라는 보고서를 발표했어요. 지구에서 가장 부유한 사람들 1%가 약 59억 톤의 탄소를 배출하는데, 이는 전 세계 배출량의 16%를 차지한다는 것이었죠. 이 양은 지구 인구의 66%를 차지하는 최빈곤층 50억 명이 배출하는 양과 같은 수준이에요.

상위 10%에 드는 부자들이 배출하는 탄소의 양은 전 세계 배출량의 절반에 달했고요.

온실가스는 산업 생산, 수송, 건물 냉난방 등 에너지를 사용할 때 가장 많이 배출돼요. 전체 온실가스 배출량의 73.2%나 차지하죠. 수많은 물건을 소비하고 개인용 비행기나 요트로 여행을 다니는 세계 최고 부자층인 '슈퍼 리치'들이 지구 환경을 가장 심하게 파괴한다고 말하는 이유예요.

섬나라 학생들의 담대한 도전

2019년 남태평양 12개 나라의 정부가 공동으로 운영하는 사우스퍼시픽대학교의 법학 전공 학생 27명이 나섰어요. 그들은 '기후 변화와 싸우는 태평양 섬나라 학생들(PISFCC)'이라는 단체를 만들어 세계 각국이 기후 변화에 어떤 책임이 있는지 국제 사법 재판소(ICJ)에 물어보았죠.

유엔은 국제 사법 재판소에 "기후 위기에 대해 각국의 국제법상 의무가 무엇인지, 그리고 그 의무에 따르지 않은 국가들이 져야 하는 법적 결과는 무엇인지"를 물었어요. 그로부터 4년이 지난 2023년 3월 29일, 유엔은 총회를 열어서 국제 사법 재판소에 기후 위기에 대한 의견을 내라고 공식 요청했어요.

이제 국제 사법 재판소는 유엔의 결의안에 따라 기후 변화에 대한 법적 의견을 제시해야 하죠. 물론 국제 사법 재판소의 권고 의견은 의견일 뿐 법이 아니어서 강제로 무엇인가를 바꿀 수는 없어요. 하지만 여러 나라 정부와 법원이 기후 관련 사건에서 그 의견에 영향을 받을 수밖에 없어요. 아직 국제 사법 재판소는 권고 의견을 내지 않았지만, 곧 유엔의 결정에 따라 권고 의견을 내야 해요.

바다에 버리면 된다고요?

후쿠시마 원자력 발전소 사고와 오염수 방류

#원자력_발전 #방사선_오염
#오염수_방류

사건명	후쿠시마 원자력 발전소 오염수 방류
발생일	2023년 8월 24일

쓰나미로 드러난 원자력 발전의 위험성

일본은 환태평양 조산대에 속한 섬나라예요. 화산과 지진이 자주 일어나죠. 환태평양 조산대에서는 지각 변동 때문에 바다 밑바닥에서도 지진이 일어나는데, 이때 엄청난 힘이 바다에 전해져요. 그래서 상상을 초월하는 거대한 파도가 생겨 육지를 강타하죠. 이 현상을 지진 해일이라 부르는데, 일본어인 '쓰나미'라는 말이 더 많이 쓰이고 있어요.

태평양 해류를 타고 이동할 후쿠시마 오염수의 예상 경로.

2011년 3월 11일 일본의 동북쪽 바다에서 엄청난 규모의 대지진이 일어났어요. 이 지진으로 발생한 거대한 쓰나미가 일본의 동북부 지역을 덮쳤죠. 1만 9천 명이 넘는 사람이 사망하고 2,500여 명이 실종됐어요. 이때 쓰나미는 후쿠시마의 제1 원자력 발전소도 덮쳤어요. 원자력 발전소를 관리하던 전기가 끊기더니 곧 발전소가 시커먼 연기를 내뿜으며 폭발했어요. 국제 원자력 기구(IAEA)는 후쿠시마 재해를 체르노빌 재해와 마찬가지로 가장 심각한 사고인 7등급으로 분류했어요.

후쿠시마 원자력 발전소 사고로 원자력 발전의 위험성에 주목하게 되었어요

　바다에서 지진을 감지한 뒤 원자력 발전소는 안전을 위해 원자로 1~3호기의 가동을 중지했어요. 4~6호기는 검사로 이미 발전 정지 중이었죠. 하지만 지진 발생 50분 후 높이 15미터의 해일이 발전소를 덮쳤어요. 원래 발전소는 5미터까지의 해일에 대비하는 수준으로만 설계되었죠. 이를 훨씬 넘어서는 규모의 해일이 닥친 거예요.

　발전소 내의 모든 전기 설비가 고장 나면서 원자로를 냉각하는 냉각수 펌프가 멈추고, 원자로 내부의 온도와 압력이 급격히 상승했어요. 원자로 1~3호기의 냉각수가 모두 증발하고 노심 온도가 1,200도까지 치솟았어요. 결국 원자로 압력 용기가 녹아 구멍이 뚫리면서 핵연료가 공기 중에 확산하였고, 12일부터 15일까지 원자로에서 수소폭발이 일어나 방사성 물질

후쿠시마 원전 굴뚝 모습.

동일본 대지진으로 후쿠시마 지역 전체가 폐허로 변했고, 그 과정에서 원자력 발전소도 폭발했어요. 세계 여러 나라의 시민들이 바다에 핵오염수를 흘려보내려는 일본 정부에 항의하고 있어요.

이 대기에 다량 누출되었어요. 방사성 물질은 일본뿐 아니라 전 세계의 바다로 퍼져 나갔죠.

일본 정부가 오염수를 바다에 흘려보내기 시작했어요

후쿠시마 발전소 사고 이후 땅은 물론이고, 발전소 근처에 살던 사람들도 방사선에 노출되었어요. 그뿐만 아니라 발전소 내부의 열을 식히기 위해 외부에서 물을 계속 붓고 있는데, 이 엄청난 양의 물이 모두 방사선에 오염되었어요. 그 물의 양은 133만 8천여 톤이나 되었지요. 일본 정부는 사고 직후부터 기존에 저장된 오염수 외에 새로 추가되는 오염수도 바다에 방류할 것이라고 이야기했어요. 일본의 지역 주민들은 물론이고 우리나라와 중국도 거세게 비판했죠.

하지만 일본 정부는 2023년 8월 24일부터 이 오염수를 바다에 흘려보내기 시작했어요. 1km 길이의 해저터널을 통해 원전 앞 바다에 10월 11일까지 오염수 7,788톤을 쏟아냈어요. 그때부터 2024년 7월까지 일곱 차례에 걸쳐 총 5만 5천 톤을 원전 앞바다에 내보냈어요.

🔍 후쿠시마 원자력 발전소 오염수는 과연 안전할까요?

일본은 오염수를 정화했다고 하지만, 그 과정이 투명하지는 않아요. 일본은 국제 원자력 기구의 검증을 받았다고 하는데, 국제 원자력 기구는 원자력 발전에 우호적인 단체이기 때문에 반대 측의 검증, 우리나라를 포함한 주변 국가들의 검증도 받아야 하죠. 하지만 일본 측은 우리나라 검증단이 직접 시료를 채취하지도 못하게 하고, 자기네가 제공하는 자료만 가지고 분석하도록 했어요.

후쿠시마 원자력 발전소 오염수에는 방사성 물질인 삼중 수소 외에도 탄소-14, 스트론튬-90, 세슘, 플루토늄, 요오드와 같은 방사성 핵종이 있어요. 국제 원자력 기구와 몇몇 학자들은 오염수가 안전하게 처리되었고, 심지어 마실 수도 있다고 이야기했어요. 하지만 다른 학자들은 과거 없었던 일인 만큼 어떤 방식으로 얼마나 큰 위험이 닥칠지 예측할 수 없다며 부정적인 의견을 제시하고 있어요. 일본은 이런 식으로 앞으로 30년 동안 오염수를 바다에 흘려보낼 계획이에요.

오염수를 처리하는 다른 방법은 없을까요? **| 세계 시민 수업**

세계의 많은 전문가가 여러 대안을 제시했지만, 그중에서 두 가지가 특히 중요해요.
하나는 대형 탱크에 보관하는 방식이에요. 이미 석유를 모아두는 비축기지 등에서 사용하는 10톤 규모의 대형 탱크에 보관하는 것이지요.
또 하나는 오염수에 시멘트와 모래 등을 섞어 고체로 만든 뒤 땅에 묻는 거예요. 이 방법은 미국의 핵시설에서 사용하고 있죠. 이미 방사성 물질에 오염된 후쿠시마 지역의 땅에 이런 고체를 묻어두는 것이죠. 방사성 물질은 시간이 지나면 저절로 붕괴하면서 방사능이 약해지기 때문에 오래 보관할수록 환경에 덜 위협적이에요.

📖 삼중 수소

삼중 수소는 트라이튬(tritium)이라고도 해요. 삼중 수소가 생성하는 에너지의 베타 입자는 먹거나 마시면 상당히 위험해요. 원자력 발전소 등에서 발생하는 삼중 수소는 방사선 오염을 일으켜요. 일본이 배출하는 오염수 정화 시설인 ALPS는 삼중 수소를 거르지 못해요. 삼중 수소는 방사성 핵종보다 2~6배 위험하고 생물체에 흡수되기 쉬워서 심각한 방사선 피해를 일으킬 수 있어요.

언제 어디서 어떻게 태어날지 스스로 결정해 원하는 대로 태어나는 사람은 없습니다. 잘사는 나라에서 태어난 아이도 있고, 가난한 나라에서 태어난 아이도 있습니다. 아무 걱정 없이 편하게 사는 친구도 있지만, 당장의 먹을거리를 걱정해야 하는 친구, 하루하루 생명의 위협 속에서 살아가는 친구도 있어요. 아직 스스로 자기 삶을 개척할 힘이 없는 어린이의 권리는 그래서 더 세심하게 지켜줘야 해요.

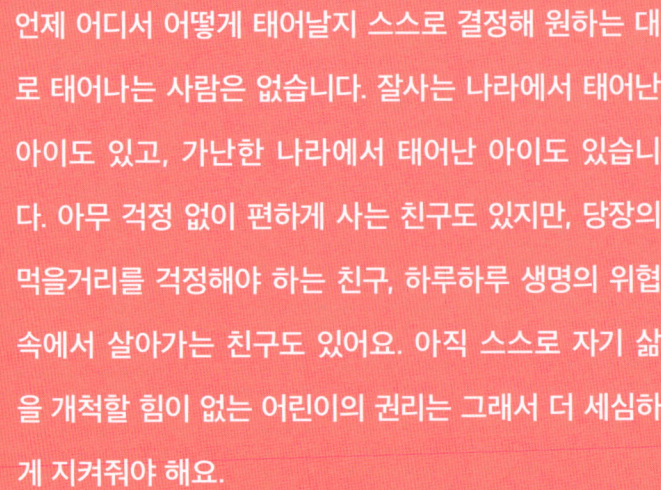

2부

어린이 인권

여자 어린이는 학교에 갈 필요가 없다고요?

여자 어린이의 교육받을 권리

#교육 #여성_차별 #여성의_교육
#말랄라_유사프자이 #노벨_평화상

사건명 **탈레반에 의한 말랄라 암살 시도**
발생일 **2012년 10월 9일**

📍 11세의 파키스탄 소녀가 총에 맞은 이유

"한 명의 어린이, 한 명의 선생님, 한 개의 펜, 한 권의 책으로 세상을 바꿀 수 있습니다. 교육이 유일한 해법이며 최우선입니다."

16세의 파키스탄 소녀 말랄라 유사프자이가 2013년 유엔 본부에서 한 말이에요. 파키스탄 북서부 스와트 골짜기에 살던 말랄라는 아버지가 운영하는 학교에서 여학생 교육을 도왔어요. 당시 탈레반이 집권한 마을에서는 여자아이들을 위한 학교를 운영하지 못하도록 했거든요. 여성은 집안일을 배워야지 학교에 다니거나 하면 안 된다고 말이죠. 하지만 말랄라의 아버지는 남녀 차별은 이슬람의 가르침이 아니라고 생각하며 여학생을 위한 교육에 힘썼어요.

말랄라는 11세가 되자 탈레반에 의해 여자아이들의 교육이 막힌 현실을 비판하는 블로그를 운영했어요. 미국 등 세계에 말랄라의 활동이 알려지며 여자아이들 교육에 세상의 관심이 쏠렸어요. 그러던 2012년 10월 9일, 버스를 타고 학교에 가던 말랄라에게 한 남자가 접근했어요. 그는 그녀의 이름을 묻고는 총을 꺼내어 세 발을 쏘았죠. 이마에 총알이 박힐 정도로 많이 다쳤지만, 다행히 그녀는 죽지 않았어요.

말랄라는 당당하게 여자 어린이의 교육받을 권리를 주장했어요

말랄라는 생명의 위협을 느낄 정도로 무서운 테러를 당했지만 전혀 두려워하지 않았어요. 여자아이들의 교육을 막아서는 사람들이 무엇을 원하는지 알기 때문이었죠. 그들이 원하는 것은, 폭력으로 겁을 줘서 여자아이들을 위한 교육 운동을 멈추게 하는 것이었죠. 말랄라는 굴하지 않았고 교육의 중요성을 세상에 알렸어요. 말랄라의 교육 운동은 국제적 지지를 얻으며 여자 어린이의 교육 문제를 돌아보게 했죠. 2014년 말랄라는 이러한 활동 덕에 역사상 가장 어린 나이인 17세에 노벨 평화상을 받기도 했어요.

여전히 전 세계에는 학교에 가지 못하는 여자 어린이가 많아요

사하라 사막 이남의 아프리카에서는 학교 교육을 받지 못하는 어린이들이 많아요. 특히 여자아이들이 학교에 가기가 매우 어려워요. 가난한 집안 살림에 조금이라도 보탬이 되어야 해서 학교에 가는 대신 쓰레기 더미를 뒤지거나 거리에서 구걸해요. 청소하고 음식을 만들고, 가족을 돌보다 보면 학교는 점점 멀어지죠.

여자아이들은 어른이 되기 전에 결혼해야 한다고 부모들은 생각했어요. 그러니 굳이 딸을 학교에 보낼 필요가 없었어요. 결혼하고 아이를 낳아 키우는 게 여자의 일생이라고 여겼죠. 또한, 마을에 여자아이들이 다닐 수 있는 학교가 없는 것도 그들이 공부할 수 없는 이유가 돼요.

2014년 와우 페스티벌(Women of the World Festival, WOWF)에서 성평등과 변화의 중요성에 대해 연설 중인 말랄라 유사프자이.

© Southbank Centre

여자아이를 교육하는 것은 중요한 일이에요

교육을 받으면 어린 나이에 결혼하거나 임신을 하는 일이 줄어들어요. 교육을 통해 여자 어린이들은 자신의 미래를 계획해 직업을 얻고 원하는 시기에 결혼하게 되거든요. 아이를 키울 수 있는 경제적 능력이 있을 때 엄마가 되어야 자녀도 잘 키울 수가 있어요. 여자 어린이를 교육하면 가난을 해결할 수 있는 효과도 커져요. 여자 어린이도 남자 어린이와 마찬가지로 소중한 존재예요. 남녀 차별을 극복하고 누구나 자기 삶의 주인이 되도록 교육해야 해요. 여자 어린이가 행복해지면 세상의 빈곤 문제도 해결될 수 있어요.

일부 저개발 국가에서는 아직도 여성에 대한 교육이 충분하지 못해요. 여자아이들에 대한 교육은 새로운 미래를 여는 기회가 될 수 있어요.

세계 시민 수업

교육의 힘

유엔 산하의 국제 단체에 따르면, 코로나19 팬데믹 이후 세계적으로 2천만 명이 넘는 소녀들이 학교를 그만두었다고 해요. 여자아이들을 가르치면 더 많은 사람이 가난에서 벗어날 수 있고, 나라의 경제력도 강해질 수 있어요. 실제로 여자아이들이 12년 동안 정규 교육을 받으면 세계 경제에 커다란 도움이 된다고 해요. 교육을 받으면 건강과 위생의 중요성을 알게 되어 어린 나이에 임신하는 비율도 절반 이상으로 줄고, 아동 사망률도 절반 가까이 줄어요. 또한 인권과 환경의 중요성을 깨달아 기후 변화의 속도도 늦출 수 있어요.

케냐의 환경운동가 왕가리 마타이

케냐 최초의 여성 박사인 왕가리 마타이는 미국과 독일에서 공부했지만 조국인 케냐로 돌아와 수의학 교수가 되었어요. 그는 안락한 삶을 포기하고 케냐 여성들의 삶을 보살피는 여러 활동을 했어요. 케냐 여성들이 심각한 영양실조에 걸렸다는 사실을 안 그는 물 부족이 원인임을 알고 1974년부터 여성들과 함께 나무 심기 운동을 벌였어요. 나무가 자라면서 땅은 다시 물을 머금었고, 나무는 열매와 땔감을 제공했죠. 마타이와 함께한 여성들은 이런 활동으로 경제적 보상을 받고 자립할 수 있게 되었어요.
마타이는 케냐 독재 정부의 개발 정책을 비판하다 폭행을 당하기도 했지만, 자신의 일을 결코 멈추지 않았고, 2004년 노벨 평화상을 받았어요.

전통이라는 이름으로 신체를 훼손한다고요?

여성 할례로 인한 인권 유린

#여성_차별 #아동_학대 #인권 #아동_인권
#여성_할례 #와리스_디리

사건명: 여성 할례 수술을 한 이집트 의사 유죄 판결
발생일: 2015년 1월 26일

이집트에서 여성 할례 수술을 한 의사가 유죄 판결을 받았어요

2015년 1월 26일 이집트 법원에서 한 의사가 2년 3개월의 징역형을 선고받았어요. 그 의사는 여성 할례 수술을 하다 13세 소녀를 죽게 했죠. 이집트에서 여성 할례 수술은 2008년에 금지되었지만, 암암리에 계속되고 있었어요. 이집트에서 여성 할례 수술을 한 의사가 유죄 판결을 받은 건 이번이 처음이었는데요. 딸에게 여성 할례 수술을 받도록 한 소녀의 아버지도 유죄 판결을 받았어요.

여성 할례는 여성의 생식기를 잘라내거나 꿰매어 봉하는 행위예요. 공식 용어인 '여성 성기 절제술'에서 알 수 있듯, 여성의 성기를 훼손하는 비인간적인 행위예요.

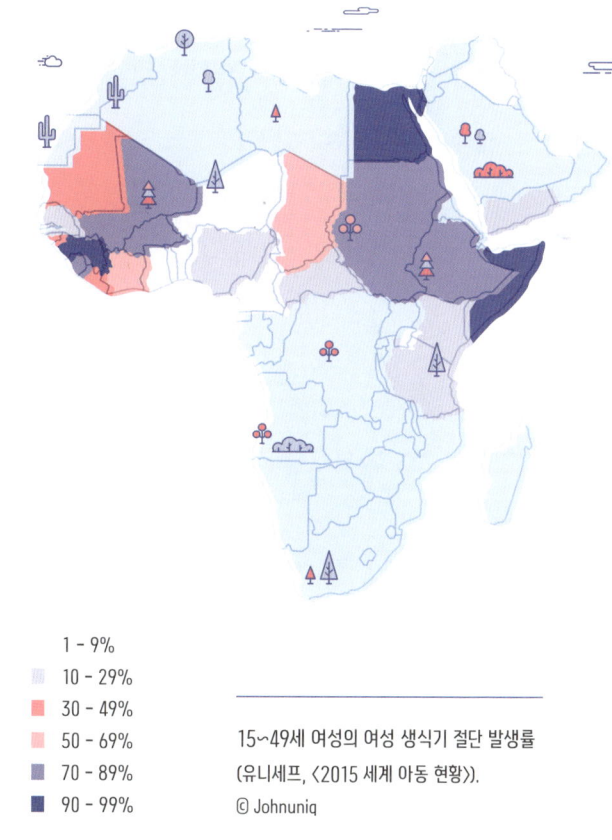

1 - 9%
10 - 29%
30 - 49%
50 - 69%
70 - 89%
90 - 99%

15~49세 여성의 여성 생식기 절단 발생률 (유니세프, 〈2015 세계 아동 현황〉).
ⓒ Johnuniq

📍 여성 할례는 여자 어린이의 삶을 고통으로 몰아 가요

여성 할례는 소말리아와 이집트, 수단 등 아프리카와 서아시아 지역에서 이루어져요. 수천 년 동안 이어진 관습인데, 신생아부터 10대 중반에 이르는 여자 어린이에게 하는 행위예요. 정숙한 여성의 표시이며 여성의 성욕을 통제한답시고 광범위하게 이루어져요. 소말리아에서는 여성 98%가 여성 할례를 경험했다는 조사 결과가 있어요.

문제는 대부분의 여성 할례가 병원이 아닌 더러운 환경에서 이루어진다는 거예요. 동네 할머니 같은 사람들이 소독이나 마취 없이 시술을 하다 보니, 소녀들이 심한 고통을 겪거나 평생 아프게 지내기도 해요. 심지어 목숨을 잃는 경우도 많아요.

📍 여성 할례를 세상에 고발한 모델

세계적인 모델이었던 와리스 디리는 한 잡지와의 인터뷰에서 자신의 할례를 고백했어요. 소말리아 출신인 그녀는 처음으로 여성 할례의 비인간성을 세상에 알렸어요. 다섯 살에 할례를 당한 그녀는 어른이 된 후에도 소변을 보는 데 15분이나 걸렸으며, 그 과정도 매우 고통스럽다고 밝혔어요.

디리는 여성 할례가 전통과 종교, 문화라는 이름으로 행해지는 고문이자 아동 학대라고 주장했어요. 그녀는 유엔 특사가 되어 여성 할례를 없애는 데 앞장섰어요. 그녀의 노력으로 많은 국가에서 여성 할례를 법으로 금지했지만, 전통을 지켜야 한다는 잘못된 믿음으로 지금도 여성 할례가 은밀히 행해지고 있어요. 디리는 '사막의 꽃 재단'을 만들어 여성 할례를 막기 위한 교육을 하며, 할례 피해자를 돕고 있어요.

여성 할례의 실상을 고발한 모델 와리스 디리의 이름은 '사막의 꽃'이라는 뜻이에요.

여성 할례는 여성에 대한 폭력이자 아동 학대예요. 세계적으로 25명의 여성 중 1명의 여성이 희생당하는 현실을 알리기 위해 2017년 런던에서 '백만 명의 여성 봉기'가 열렸어요.

여성의 신체는 그 누구도 함부로 할 수 없어요

2022년 세계 보건 기구에 따르면, 28개 나라에서 약 2억 명의 여자 어린이와 여성이 여성 할례를 당했어요. 그중 300만 명은 목숨까지 위태로워요. 코로나19로 여자아이들이 집에 오래 머물면서 여성 할례가 더 늘고 있어요. 여성 할례는 남자들이 여자보다 우월하다고 생각하기 때문에 생긴 잘못된 관습이에요. 순결을 증명하기 위해 여자아이들이 억지로 할례를 당하고, 어린 나이에 결혼하게 되는 거예요.

하지만 여성의 몸은 그녀 자신이 주인이고, 아무도 남의 몸을 함부로 해서는 안 돼요. 여자아이들의 존엄성을 지키기 위해 여성 할례는 사라져야 해요.

세계 시민 수업

"삶은 움직이는 것이니까"

와리스 디리의 아버지는 그녀가 13세일 때 60대 노인에게 낙타 5마리를 받으며 결혼을 시키려 했어요. 그녀는 무작정 집을 나와 야생 동물과 낯선 사람들의 위협을 무릅쓰고 친척 집을 전전하며 지내다 영국 대사로 있던 이모부의 집에 갔어요. 그곳에서도 노예처럼 일을 하다 이모부가 소말리아로 돌아가자 홀로 영국에 남았어요. 영국의 햄버거 가게에서 일하던 그녀는 우연히 한 사진가의 눈에 들었고 그 일을 계기로 세계적인 모델이 되었죠. 그녀는 성공한 모델이 된 뒤에도 자신의 조국 소말리아에서 고된 삶을 살아가는 여성들을 잊지 않았어요. 1997년부터 인권 운동가로서 유엔 특별사절이 되어 활동하고 있어요.

유엔은 매년 2월 6일을 '세계 여성 할례 철폐의 날'로 지정했어요

여성 할례는 교육 수준이 낮거나 경제적으로 빈곤한 지역에서 두드러지게 나타나요. 유엔을 비롯한 국제 기구와 시민 단체들은 여성 할례를 줄이기 위해 다양한 활동을 하고 있어요. 에티오피아 정부는 엔지오(NGO, 비정부 국제 조직) 및 유엔과 함께 교육 사업을 벌여 1970년 90%에 가까웠던 여아 할례를 30년 만에 47%가량으로 줄였어요. 여성 할례와 함께 아동 결혼 역시 2025년까지 완전히 없앨 계획이라고 해요.

펜 대신 총을 잡는 아이들

세상에서 가장 비열한 전쟁 무기 소년병

#인권 #소년병 #아동_인권
#아동_학대 #전쟁

우간다

사건명 **도미니크 옹그웬 재판 (또는 세계 소년병 반대의 날)**
발생일 **2021년 2월 4일 (매년 2월 12일)**

📍 소년병에서 괴물이 된 사나이

세계 곳곳에는 공부 대신 총을 사용하는 법을 배우는 18세 미만의 소년들이 있어요. 어른들의 보호를 받지 못하는 취약한 아이들이 전쟁과 테러에 소년병으로 징집당해 아동 인권을 심각하게 침해받고 있어요. 피해자이자 가해자가 된 소년병 중에 도미니크 옹그웬이라는 남자가 있어요. 옹그웬은 2016년 국제형사재판소(ICC)에서 재판을 받았어요. 옹그웬은 아프리카의 우간다라는 나라에서 정부군과 전쟁을 벌였던 인물이에요. 그는 '신의 저항군'이라는 무장 단체를 이끌며 투쟁했죠. 그 과정에서 10만 명의 사람들을 죽이고, 6만 명의 어린이를 납치한 만행을 저질렀어요. 여기에 고문과 성폭행 등 70가지 전쟁 범죄를 저질러 유죄 판결을 받았어요.

하지만 그는 자신이 한 일이 잘못이 아니라고 주장했어요. 옹그웬은 자신도 아홉 살 때 납치되어 고문을 당했고, 무서워서 원하지 않던 소년병이 되었다고 말했어요. 그러니 나중에 무장 단체의 지도자가 되어 저지른 범죄도 어쩔 수 없었다고 했어요. 그는 자신이 가해자가 아니라 피해자라고 항변한 거예요.

🔎 인류의 가장 비열한 무기는 '소년병'

소년병은 폭력적 갈등 상황에 동원된 18세 미만의 어린이와 청소년을 가리키는 말이에요. 현재 전 세계적으로 30만 명 이상의 소년병이 존재하는 것으로 알려졌어요. 이들은 폭력적 상황에 가담해 생사를 넘나들고 있죠. 소년병이 많은 지역은 정치적으로 불안정하고 경제적으로 어려운 나라들이에요. 유엔 아동 기금에 따르면 2016년부터 2020년까지 서부와 중부 아프리카에서 최소 2만 명의 어린이가 무력 분쟁에 동원되었어요.

성인이 아닌 어린이와 청소년은 신체적으로 약하고 정신적으로도 세뇌당하기 쉬워요. 가난한 어린이들을 납치하거나 돈을 벌게 해준다고 속여서, 또는 폭행과 협박으로 소년병으로 만들어요. 또는 마약을 먹인 후 잔혹한 일을 시켜 돌이킬 수 없는 상황에 몰아넣기도 해요. 특히 돈이나 음식 등 비용이 적게 든다는 이유로 소년병이 사라지지 않고 있어요.

🔎 어린이의 손에 쥔 총을 내려놓을 수 있도록 다 같이 노력해야 해요

전쟁 같은 폭력적 상황은 어른들의 문제예요. 그런데 이런 어른들의 싸움에 아직 성장해

아직 어른이 되지 않은 어린이와 청소년은 총이 아니라 펜을 들어야 해요. 소년병들은 자살 테러나 지뢰 제거 등 가장 위험한 일에 내몰려요.

야 할 어린이와 청소년을 동원하는 것은 비열한 행동이에요. 소년병을 전쟁에서 쉽게 쓰고 버리는 총알과 같이 여기는 거죠. 죽지 않으려면 상대를 죽여야 하는 잔인한 상황에 놓인 소년병들은 몸과 마음이 병들어가요. 옹그웬이 피해자라고 주장하는 이유도 여기에 있어요. 소년병이 되어 사람을 죽이는 '괴물'이 된 것이 자기 잘못은 아니라는 거죠. 물론 옹그웬의 주장은 자신의 범죄를 합리화하는 것에 불과해요.

　　소년병이 된 아이들의 삶은 송두리째 망가져요. 끔찍하게 사람을 죽이고 불을 지르고 아무렇지 않게 성폭행을 저지르죠. 정상적으로 판단하지 못하고 잔인한 사람이 되거든요. 소년병에서 벗어나도 마음의 상처로 범죄를 저지르거나 자살을 하기도 해요. 그래서 유엔 아동 권리 협약에서는 미성년자가 전쟁과 같은 행위에 참여하지 않도록 해야 한다고 규정하고 있어요. 어린이는 총이 아닌 펜을 손에 쥐고 꿈을 꾸며 살아야 해요. 유엔은 매년 2월 12일을 '소년병 반대의 날'로 정했어요.

전쟁터에 내몰린 아이들

세계 시민 수업

2019년 미국 하버드대학교 분쟁 연구소는 세계 90여 개 나라에서 무려 30~50만 명의 아동이 전쟁터로 내몰리고 있다고 발표했어요. 그중 3분의 1은 여자아이였죠. 소년병의 70%는 폭력이나 고문을 목격하거나 직접 당하고, 60%는 죽음에 내몰렸어요. 그리고 77%는 사람을 살해하는 장면을 목격하고, 52%는 대량 학살의 충격에 노출되었죠. 더구나 소녀들은 45%가 성적 폭력을 당하고 전쟁 중에 목숨을 잃는 일도 27%에 달했다고 해요.

소년병은 실제로 전쟁에 참여해 적을 공격하는 것보다 훨씬 위험한 일을 맡곤 해요

소년병에게는 지뢰가 묻힌 곳을 먼저 가게 하거나 전장의 가장 앞쪽에 보내 인간 방패로 삼기도 해요. 상대편 어른들이 쉽게 공격하지 못할 것을 노린 것이죠. 또 어린이는 철저히 경계하지 않다 보니 옷 속에 폭탄을 설치해 자살 폭탄 테러에 동원하기도 해요.

아동을 사고판다고요?

아동 인신매매

#인권 #인신매매 #아동_학대 #아동_노동 #초콜릿_노동

사건명: 글로벌 초콜릿 회사들의 피소 사건
발생일: 2021년 2월 21일

밸런타인데이에 카카오 농장에서 일하던 청년들이 소송을 걸었어요

밸런타인데이는 좋아하는 사람에게 초콜릿을 선물하며 마음을 고백하는 날로 알려져 있어요. 사랑을 전하는 데는 달콤한 초콜릿이 제격이라 초콜릿이 많이 팔리죠. 2021년 2월 21일 네슬레, 허쉬 같은 유명 초콜릿 회사들이 소송을 당했어요. 소송을 제기한 사람들은 코트디부아르의 카카오 농장에서 탈출한 8명의 청년이었어요. 이들이 국제 권리 변호사 회(IRA)의 도움을 받아 초콜릿 회사들을 상대로 소송을 건 이유는 무엇일까요?

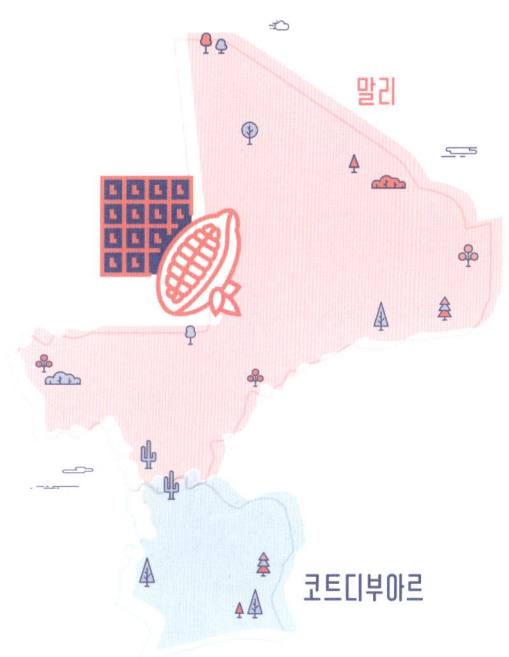

수많은 어린이가 물건처럼 거래돼요

아프리카에 말리라는 나라가 있어요. 이 나라의 가난한 집안에서 태어난 많은 어린이는 인신매매 조직에 팔려 가요. 인신매매는 사람을 사고파는 것을 말해요. 돈을 벌게 해준다고 속이거나 납치해서 어린이를 농장에 팔아넘기는 것이죠.

말리의 어린이들은 이웃 나라인 코트디부아르의 카카오 농장으로 팔려 갔어요. 이 아이들은 여러 해 동안 돈도 받지 못하고 열악한 환경에서 강제로 일했어요. 네슬레와 같은 세계적 초콜릿 회사는 이런 농장에서 생산된 카카오로 초콜릿을 만들어요. 소송한 청년들은 이 회사들이 자신들을 이용해 범죄를 저질렀다고 주장했어요. 수천 명의 어린이가 강제로 일하는 것을 알면서도 모르는 체한 것은 범죄라는 거예요.

우리가 먹는 달콤한 초콜릿 뒤에 비극적인 일이 숨어 있을지 몰라요.

지금도 세계에서는 매년 100만 명 이상의 어린이가 물건처럼 거래돼요. 지독한 가난 때문에 아이를 파는 부모도 있어요. 돈을 벌기 위해 아이를 팔기도 하지만, 더 좋은 곳으로 보내준다는 말에 속기도 하는 거죠. 지진이나 질병, 전쟁 등으로 부모를 잃은 아이들이 납치를 당해 농장이나 공장으로 끌려가기도 해요.

인신매매로 팔려 간 어린이들은 돈을 벌기 위한 수단으로 이용돼요. 돈을 주지 않고 일

몇몇 저개발 국가의 초콜릿 농장은 돈을 적게 줘도 된다며 어린이에게 일을 시켜요. 서구의 거대한 초콜릿 회사들은 경제적인 이유로 이 사실을 알고도 무시하고 있어요.

을 시키거나, 길거리에서 구걸이나 성매매를 하도록 강요해요. 심지어 아이의 몸에 있는 장기를 떼어 파는 데에도 이용되죠.

어린이는 가치를 매길 수 없는 소중한 존재예요

우리는 이 세상에 태어나면서부터 인간이라는 이유만으로도 귀하고 소중한 존재예요. 이를 인간의 존엄성이라고 해요. 인간은 존엄한 존재이기 때문에 돈으로 가치를 매길 수 없어요.

인신매매를 당하는 어린이가 줄어들지 않는 이유는 노동 때문이에요. 어린이를 납치해 돈을 주지 않고 일을 시키면 물건을 싸게 생산하고 싼값에 팔 수 있어요. 우리가 사는 물건이 싸다고 좋아만 할 것이 아니라 이 물건이 어떻게 만들어졌는지 관심을 가져야 해요. 우리가 매일 사용하는 작은 물건 하나에 어린이의 피눈물이 담겨 있을 수 있어요.

세계 시민 수업

왜 어린이에게 일을 시킬까요?

초콜릿 회사들이 아동 노동을 시키는 이유는 오로지 이윤 때문이에요. 영국의 신문사 〈가디언〉에 따르면 아동은 성인보다 월급을 적게 주어도 되므로 아동을 고용하는 농장이 초콜릿 회사와 계약할 때 더 낮은 가격을 제시할 수 있죠. 더구나 인신매매를 당한 아동은 보호자가 없기 때문에 불법적으로 노예처럼 일을 시킬 수 있어요.

학교에도 다니지 못하는 40% 아동 노동자

코트디부아르는 전 세계 코코아 공급량의 45%를 생산하는 나라예요. 여기서 특히 아동 노동이 많이 이루어지고 있죠. 미국 시카고대학교 연구팀은 2018~2019년 아동 노동자 156만 명이 코트디부아르와 가나의 카카오 농장에서 일했으며, 이들 중 148만 명은 위험한 일을 한다고 발표했어요. 아이들은 대부분 인신매매범이나 농장주에게 불법적으로 팔려 와 오랫동안 노예 노동을 한 것으로 파악되었어요. 그리고 그중 40%는 학교에 다니지도 못해요.

'동물'을 본 적 없는 어린이가 있다고요?

난민 캠프 어린이의 삶

#난민 #인권 #전쟁 #아동_인권 #교육
#유엔_난민_기구

사건명	날라 알 오스만의 비극
발생일	2021년 5월 4일

📍 난민 캠프에서 살던 여섯 살 '날라'가 세상을 떠났어요

시리아에서 발생한 내전이 어느덧 10년을 넘어가고 있어요. 계속되는 폭격으로 집이 부서졌고, 수많은 사람이 목숨을 잃었어요. 시리아 사람들은 전쟁의 공포에서 벗어나기 위해 고향을 떠났죠. 옆 나라인 요르단이나 레바논 등으로 몰려든 시리아 난민을 위해 만들어진 공간을 난민 캠프라고 해요.

시리아 내에도 난민 캠프가 세워졌는데, 여섯 살 어린이 날라 알 오트만은 이곳에서 살고 있었어요. 어느 날 아버지와 언니와 3년째 캠프에서 지내던 날라가 세상을 떠났다는 소식이 전해졌어요. 날라는 영양실조 상태로 굶주림에 허덕이고 있었는데요. 언니와 급하게 음식을 먹다 질식해 목숨을 잃은 것이었죠. 세상을 떠나기 전 찍은 사진 속 날라는 다리에 쇠사슬이 채워진 채로 헝클어진 머리, 먼지에 찌든 모습이었어요. 아이가 혼자 집 밖으로 나갔다가 위험해질까 봐 아버지가 쇠사슬을 채웠다는데요. 천막으로 만들어진 집은 문이 없어서 어쩔 수 없었다고 해요.

난민의 절반가량은 어린이예요

원하지 않아도 정든 집을 떠나야 하는 사람들이 있어요. 무력 분쟁이나 기후 변화, 가난 등으로 고향과 나라를 떠나는 사람들을 난민이라고 하죠. 2021년 유엔 난민 기구에 따르면 전 세계 난민이 8천만 명을 넘어섰다고 해요. 세계 인구 100명 중 1명이 난민이라는 얘기예요. 그중 절반 정도가 어린이라고 해요. 시리아 내전으로 인한 난민이 가장 많은데요. 갈 곳이 없는 난민들은 유엔 난민 기구와 같은 단체의 지원을 받아 컨테이너나 천막으로 지어진 집에 살아요.

캠프에 들어온 난민들은 열악한 환경에서 살아야 해요. 특히 난민 캠프에 사는 어린이들은 음식이 부족해 영양실조에 걸리곤 하죠. 아파도 제대로 치료를 받을 수 없어요. 어린이는 잘 먹어야 건강하게 자랄 수 있는데, 제대로 먹지 못하니 문제가 심각해요. 마시거나 씻을 물, 전기도 부족해요. 화장실 같은 위생 시설이 부족해 전염병이 발생할 위험도 있어요. 작은 방에 많은 식구가 살다 보니 학대를 당하는 어린이도 많아요.

절망에 빠진 어른들은 어린이를 보호하지 못할 때가 많죠. 돈벌이에 내몰리며 냉혹한 현실을 일찍 깨달아 폭력적으로 변하는 어린이도 있어요. 여자아이들은 어린 나이에 원치 않는 결혼을 하기도 해요. 부모를 잃은 어린이들이 납치를 당하는 끔찍한 범죄도 일어나요.

전 세계에서 1억 명에 가까운 사람이 전쟁이나 자연재해 때문에 고향을 잃고 난민 생활을 하고 있어요.

난민 캠프의 어린이도 평범한 어린 시절을 보낼 수 있어야 해요

시리아 내전처럼 분쟁이 지속되면서 난민 캠프는 오히려 늘어나고 있어요. 난민 캠프에서 어린 시절을 보내고 어른이 되는 경우도 흔하죠. 난민 캠프에서 태어나는 어린이도 많아요. 유엔 아동 권리 협약은 세상의 어린이를 보호하기 위해 만든 인권 조약인데요. 모든 어린이가 교육받도록 해야 한다고 약속했어요. 난민 캠프 어린이들은 제대로 교육받지 못하고 있어요. 학교와 같은 교육 시설도 부족하지만, 생계를 위해 돈을 버는 어린이가 많기 때문이죠.

어린이는 학교에서 친구들과 뛰어놀고 우정을 나누며 미래의 꿈을 키워야 해요. 하지만 난민 캠프 어린이는 전쟁 스트레스와 생존의 위협 속에서 하루하루를 버티고 있어요. 난민 캠프에서 태어난 어린이는 캠프가 세상의 전부예요. 캠프 밖을 나가본 적이 없으니까요. 동물을 본 적이 없어 텔레비전으로만 알 뿐이죠. 난민 캠프 어린이가 어른이 된 후 어린 시절을 어떻게 기억할까요? 고통스러운 기억이 되지 않도록, 고향으로 돌아가 평범한 일상을 누릴 수 있도록 모든 국가가 노력해야 해요.

우리나라의 난민 정책 — 세계 시민 수업

우리나라는 2013년 7월 1일 난민법을 제정했어요. 아시아 최초로 독립된 난민법을 갖춘 나라가 된 것이죠. 하지만 아직 난민을 받아들이는 데는 인색해요. 2014년 1월부터 2023년 5월까지 10년 동안 한국에 난민 신청을 한 사람은 8만 5,105명인데, 심사를 완료한 사람은 그중 50% 정도인 4만 7,897명이고, 난민 지위를 인정받은 사람은 987명에 불과해요. 난민 인정률이 2.1%로, 세계 평균의 10분의 1 수준도 되지 않아요. 인도적 체류 등을 포함해도 보호율이 8%를 넘지 않아요. 2000년부터 2017년까지 경제 협력 개발 기구 37개 회원국의 난민 인정률은 24.8%, 보호율은 63%에 이르니 크게 차이가 나는 수치예요.

유엔 난민 기구

유엔 난민 기구는 유엔 난민 고등판무관 사무소라고도 해요. 제2차 세계대전 이후 수많은 난민이 발생하자 이들을 구호하고(재해나 재난 따위로 어려움에 처한 사람을 도와 보호한다는 뜻이에요) 법적으로 보호하기 위해 1950년 12월 14일에 설립되었죠.

지금까지도 유엔 난민 기구는 난민이 안전하게 살아가고 본국에 돌아가거나 새로운 나라에 정착해 살아갈 수 있도록 도와요. 1954년과 1981년에 노벨 평화상을 받았어요. 우리나라에는 2006년에 유엔 난민 기구 한국대표부가 설립되었어요.

어린이가 일을 해도 되나요?

아동 노동

#아동_노동 #아동_인권
#아동_학대

사건명 **세계 아동 노동 반대의 날**
발생일 매년 6월 12일

📍 14세 이하의 어린이가 일하는 것을 아동 노동이라고 해요

아주 옛날에는 평균 수명이 지금보다 짧았기 때문에 아이들이 일하기도 했어요. 하지만 사회가 발전하면서 아동을 보호해야 한다는 생각이 자리 잡아 아동 노동을 금지하고 있어요. 아이가 일하면 왜 안 되는 걸까요? 가족의 생계에 도움이 되기 위해 자발적으로 일하고 싶어 하는 아이에게 일할 권리를 빼앗는 것은 아닌가요?

📍 아프리카 중남부 지역에서 일하는 어린이는 23%에 달해요

1996년 《라이프》라는 잡지에 한 장의 어린이 사진이 실렸어요. 한 남자아이가 쪼그리고 앉아 바느질하며 축구공을 만드는 사진이었어요. 아이 옆에는 열악한 주변 환경과 대비되는 완성된 축구공 여러 개가 반짝이고 있었어요. 나이키 마크를 드러내며 말이죠. 사진 속 아이는 학교에 가지 못한 채 축구공을 만들던 파키스탄의 12세 남자아이였어요. 전 세계 아이들에게 꿈을 주어야 할 축구공이 개발 도상국 아이의 노동을 착취해 만들어졌다는 사실에 사람들은 분노했어요.

어린이에게 일을 시키는 것은 미래를 빼앗는 아동 학대예요.

세계적 스포츠 기업인 나이키는 정정당당한 스포츠 정신을 내세웠어요. 하지만 그 뒷면에는 돈을 버느라 꿈을 잃어버린 아이들의 한숨과 눈물이 숨어 있었죠. 전 세계 어린이의 10명 중 1명은 학교가 아닌 일터에서 돈을 벌고 있어요. 특히 아프리카 중남부 지역에서는 일하는 어린이가 23%에 달해요.

학교에 가지 못하고 일하는 어린이는 현대판 노예예요

아동 노동이 주로 이루어지는 나라는 경제적으로 어려운 나라예요. 아프리카와 아시아에서 많은 아이가 돈을 벌기 위해 일을 해요. 부모가 일자리를 구하지 못하거나 아파서 돈을 벌지 못하는 경우가 많아요. 또는 일을 하더라도 가족을 돌볼 만큼 돈을 벌지 못하면 아이라도 일을 해야 먹고살 수 있어요.

아동 노동이 줄어들지 않는 이유는 부모들이 아무리 열심히 일을 해도 가족을 먹여 살릴 만큼 충분한 돈을 벌지 못하기 때문이에요. 또한 어린이를 고용하는 사람들은 어른보다 적은 돈을 주고도 맘대로 부릴 수 있다고 생각해서 어린이에게 일을 시켜요. 어린이에게 함부로 일을 시켜도 된다는 생각 때문에 아이들은 일하다 다치는 경우도 많아요. 안전 장비는 고사

1909년 방직기 앞에서 일하는 영국의 어린이들 모습이에요. 산업 혁명 초기에 유럽에서는 공장에서 아동을 고용한 경우가 많았어요.

하고 장갑도 끼지 않고 맨손으로 일을 해요. 나쁜 물질이 몸에 들어가 병에 걸리거나 손발을 다쳐 장애를 입기도 해요.

12시간 이상 일을 하고 아이들이 받는 돈은 겨우 1달러예요. 우리 돈으로 천 원이 조금 넘는 돈이에요. 아이들은 제대로 쉬지도 먹지도 못하고 일에 시달리고 있어요. 노동하는 사람들을 위한 법의 보호나 정당한 대가도 받지 못하기 때문에 일하는 아이들은 현대판 노예라고 불려요.

아이들이 일하면 우리의 미래가 사라져요

만 5세 정도 된 아이가 일을 시작하기도 하는데, 이렇게 일을 하면 학교에 갈 수가 없어요. 아이는 글을 배우지 못하고 덧셈과 뺄셈도 할 줄 모르게 돼요. 어릴 때 하던 단순한 일을 10년 뒤, 20년 뒤에도 하게 돼요. 교육을 못 받아서 미래를 꿈꾸며 하고 싶은 일을 찾거나 더 좋은 일자리를 구할 수도 없어요.

어린이가 일하는 사회는 나쁜 사회예요. 어린이가 교육을 받고 친구들과 놀 수 있는 권리를 빼앗기 때문이에요. 어린이는 그 사회의 미래 주인공이에요. 미래를 끌어나갈 어린이를 현

재의 경제적 이익을 위해 소중하게 여기지 않는 사회는 모두가 불행해져요. 어린이가 일하지 않도록 하기 위해서는 부모가 제대로 된 일자리를 가질 수 있고, 충분한 급여를 받을 수 있도록 국가와 기업이 노력해야 해요. 어린이가 학교에 다닐 수 있도록 무상 교육을 제공하고, 국가는 어린이가 교육을 잘 받고 있는지 관리와 감독을 해야겠죠.

아동 노동을 멈추고 교육을 시작해야 해요.

세계 시민 수업

아동 노동과 키즈 유튜브

아동 노동이 반드시 공사장이나 공장, 농장 등에서만 이루어지는 것은 아니에요. 2021년 우리나라의 아동 권리 보장원은 키즈 유튜브 채널 2천여 개 영상을 살펴보고 보고서를 발표했어요. 2천여 개의 영상 중 1,588개가 아동의 권리 침해가 우려된다고 했어요.

영상들은 몰래카메라 형식으로 아이들을 속이거나 어린이들이 먹기 힘든 음식을 어린이에게 먹이거나 혹은 지나치게 많이 먹게 했어요. 더러 제품을 홍보하게 하거나 심지어는 어린이를 위험한 상황에 놓이게 한 경우도 있었어요.

키즈 유튜브에는 아동들이 노는 모습을 촬영한 놀이 영상도 788개가 있었어요. 하지만 학자들이 아동 놀이의 충족 조건이라고 보는 '아동 주도성', '무목적성', '놀이 촉진성', '적절한 시간과 장소'의 요건을 갖춘 영상은 하나도 없었어요. 아동을 돈벌이에 이용한다며, 키즈 유튜브를 비판하는 사람이 많아요.

세계 아동 노동 반대의 날

매년 6월 12일은 국제 노동 기구(ILO)가 지정한 '세계 아동 노동 반대의 날'이에요.

2021년 유니세프와 국제 노동 기구는 세계에서 학교가 아닌 일터에서 일하는 아동의 수가 1억 6천만 명에 이른다고 발표했어요. 2000년부터 2016년까지 줄고 있던 아동 노동 인구가 그사이 4년 동안 840만 명이나 늘어났어요. 여자 어린이의 경우 집안일을 도맡아서 하는 경우도 있는데, 이럴 때는 통계에 잡히지 않아 그 수는 더 늘어날 거라고 해요.

유니세프와 국제 노동 기구는 여러 나라 정부, 기업, 노동조합, 시민사회 등과 협력해 어린이에 대한 보호와 사회적 지원, 교육 사업 등을 펼치고 있어요.

자기 이름도 쓸 줄 모른다고요?
글을 읽고 쓸 줄 모르는 사람들

#교육 #인권 #아동_인권 #아동_교육 #문해력
#인권_침해 #문해 #세계_문해의_날

사건명	세계 문해의 날
발생일	매년 9월 8일

 약 78억 명의 세계 인구 중 3억 명 정도 어린이가 학교에 다니지 못해요

우리는 시간을 알기 위해 시계를 보고, 길을 찾기 위해 표지판을 봐요. 핸드폰 문자 메시지로 온 중요한 안내문을 읽으며 살아가요. 이 모든 일은 글을 읽고 쓸 수 있어야 할 수 있어요. 자기 이름을 쓰는 일은 누구나 할 수 있는 일이라 여겨지지만, 지구촌의 누군가는 평생 자기 이름을 써본 적이 없어요.

현재 세계 인구는 78억 명 정도예요. 그중 3억 명에 가까운 어린이가 학교에 다니지 못하고 있어요. 초등학교에서 글자와 숫자를 배우는데, 학교에 가지 못한다는 것은 이 어린이들이 글을 읽고 쓰고 이해할 줄 모르는 비문해자가 될 거라는 말과 같아요. 전 세계 인구의 15%에 해당하는 많은 사람이 글을 몰라요. 우리나라는 초등 교육을 의무교육으로 정해 모든 어린이가 교육을 받고 글을 배워요. 하지만 아프리카 중부 이남이나 서아시아 국가들의 어린이에게 학교 가는 일은 당연하지 않아요.

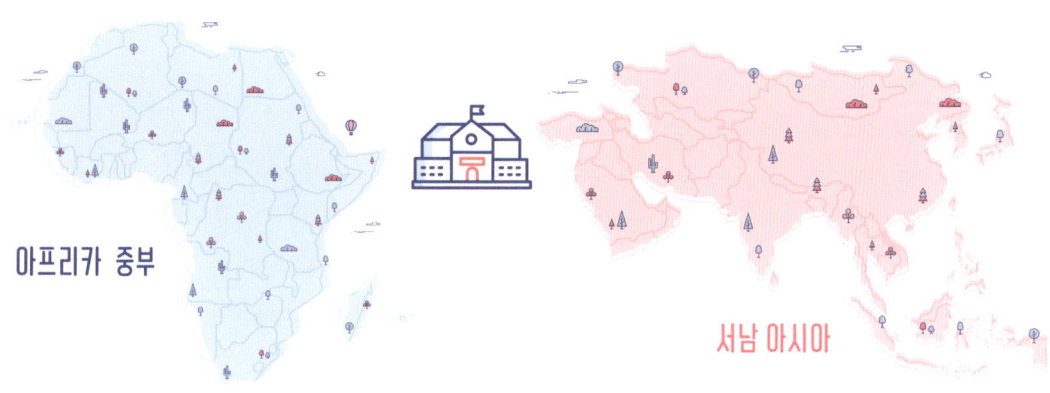

모든 어린이에겐 교육받을 권리가 있어요.

🔍 학교에 다니지 못하는 가장 큰 이유는 가난이에요

당장 먹을 것이 없어 하루하루 어떻게 견뎌야 할까를 걱정하는 집이 많아요. 이런 가정의 아이들은 학교가 아닌 돈을 벌 수 있는 곳을 찾아야 해요. 아이들이 벌어오는 단돈 천 원도 가족의 목숨을 유지하는 데 크게 도움이 되기 때문에 부모들도 아이가 학교에 가기를 원하지 않아요. 또한 마을 가까이에 학교가 있어야 아이들이 다닐 수 있는데, 경제적으로 어려운 나라들은 학교를 세우고 교사를 채용할 돈이 부족해요. 학교가 멀어 아이들이 2시간씩 걸어서 학교에 가는 일도 있어요. 하루에 왕복 4시간을 걸어서 학교에 다니다 보면 결국 중간에 포기해 졸업하기 어려워져요.

여자는 교육받을 필요가 없다는 편견도 비문해율을 높이는 데 한몫해요. 결혼해서 아이를 키우고 집안일을 하는 게 여자의 유일한 일이라고 생각해 학교에 다닐 필요가 없다고 여기는 거죠.

이외에도 전쟁이나 자연재해로 인해 삶의 터전이 파괴되어 학교에 갈 수 없는 경우도 많아요. 장애가 있는 어린이들이 교육을 제대로 받지 못하는 사례도 많죠.

글을 읽고 쓸 줄 아는 것은 인간다운 삶을 살기 위한 첫걸음이에요.

최근에는 코로나19 같은 전염병으로 학교가 문을 닫으면서 교육 격차가 더욱 커지고 있어요. 선진국이나 부유한 가정의 어린이는 원격교육이 가능하지만, 컴퓨터나 인터넷 시설이 없는 지역에 사는 어린이는 결국 교육을 받지 못해 글자를 배우지 못해요.

글을 읽고 쓸 수 있어야 인간답게 살 수 있어요

글을 읽고 쓰는 능력은 살아가는 데 기본 능력이에요. 세상의 많은 일을 배우기 위해서는 글을 읽고 쓸 줄 알아야 하기 때문이지요. 사회에 참여해 자신의 역할을 하며 미래를 꿈꾸려면 학교 교육을 받아야 해요. 한 국가가 발전하기 위해 가장 중요한 것은 그 나라의 어린이들이에요. 어린이가 공부해야 그 사회를 발전시킬 수 있는 인재로 성장하기 때문이죠. 초등학교에서 어린이들이 기본적인 교육만 받아도 그 사회의 빈곤이 대물림되는 것을 막을 수 있어요.

유니세프 조사에 따르면 캄보디아에서 가족 한 명이 초등학교를 마친 경우는 그렇지 않은 집에 비해 곡물 생산량이 13% 상승했다고 해요. 글자를 알면 더 넓은 세상이 있다는 걸 알게 돼요. 어린이가 바로 전 세계의 미래예요. 어린이가 더 나은 세상을 꿈꾸기 위해서는 글을 읽고 쓰며 생각하는 힘이 필요해요. 세상 모든 어린이는 교육받을 권리가 있다는 것을 우리 모두 잊지 말아요.

우리나라의 문해 능력 *(세계 시민 수업)*

수준 1 일상생활에 필요한 기본적인 읽기, 쓰기, 셈하기가 불가능한 수준(초등 1~2학년 수준)
수준 2 기본적인 읽기, 쓰기, 셈하기는 가능하지만 일상생활에 활용은 미흡한 수준(초등 3~6학년 수준)
수준 3 단순한 일상생활은 가능하지만 사회·경제 활동 등 복잡한 생활은 미흡한 수준(중학 1~3학년 수준)
수준 4 모든 일상생활에 필요한 충분한 문해력을 갖춘 수준(중학 학력 이상 수준)

2020년 우리나라는 어른을 대상으로 한 성인 문해 능력 조사를 실시했어요. 그 결과 우리나라에서 수준 1에 해당하는 성인은 약 200만 명으로 나타났어요. 전체 성인의 4.5%죠. 또 일상생활을 충분히 하기 힘든 수준 3 이하의 성인은 약 890만 명으로 나타났어요. 전체 성인의 약 20.2%예요.

세계 문해의 날

유네스코는 1965년부터 매년 9월 8일을 세계 문해의 날로 정했어요. 말 그대로 문해, 즉 '문자를 읽고 쓸 수 있는 능력'의 중요성을 생각해보는 날이죠. 읽고 쓸 줄 아는 능력은 사람이 자신의 권리와 자유를 표현하는 데 가장 중요한 능력이에요. 파키스탄의 인권 운동가 말랄라 유사프자이는 말했어요. "잔혹 행위와 인권 침해를 해결할 유일한 방법은 교육입니다. 교육이라는 강력한 무기로 우리는 폭력과 테러리즘, 아동 노동, 불평등에 맞서 싸울 수 있습니다."

소녀는 왜 어린 나이에 결혼할까요?

결혼이라는 이름의 아동성범죄 (인신매매)

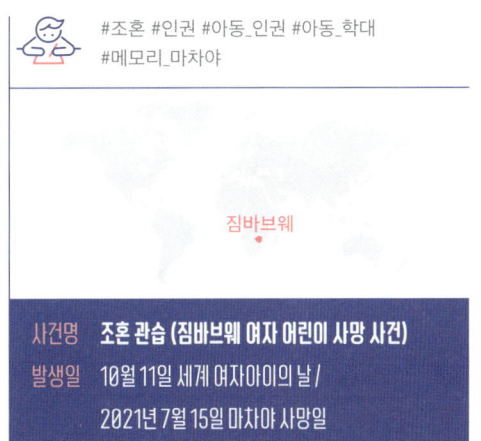

#조혼 #인권 #아동_인권 #아동_학대
#메모리_마차야

사건명 조혼 관습 (짐바브웨 여자 어린이 사망 사건)
발생일 10월 11일 세계 여자아이의 날 /
2021년 7월 15일 마차야 사망일

📍 어린아이가 성인이 되기 전에 결혼하는 것을 조혼이라고 해요

아프리카 사하라 사막 남부에 있는 짐바브웨라는 나라에서 14세의 한 여자 어린이가 숨졌어요. 메모리 마차야라는 이름의 여자 어린이가 죽게 된 이유는 아기를 낳다 적절한 치료를 받지 못했기 때문이에요.

14세의 어린이가 아기를 낳다 목숨을 잃었다는 사실에 전 세계는 충격에 휩싸였어요. 어떻게 이런 일이 생길 수 있을까요? 마차야는 13세에 결혼을 했어요. 이렇게 어린 여자 어린이가 성인이 되기 전에 결혼하는 것을 조혼이라고 해요. 대부분의 조혼은 여자 어린이의 의사를 묻지 않기 때문에 원하지 않는 남자와 강제로 하는 경우가 많아요.

📍 3초에 한 명씩 여자 어린이가 '결혼'이라는 이름으로 팔려 가요

우리는 결혼이란 어른이 된 사랑하는 두 사람이 인생의 동반자를 만나는 기쁜 일이라고 생각해요. 하지만 아프리카, 아시아, 남아메리카 등 개발 도상국에 사는 수많은 여자 어린이는 성인이 되기 전 두려움에 떨며 신부가 돼요. 10세가 되지 않은 여자 어린이가 아버지보다 나이가 많거나, 이미 결혼해 부인이 있는 남자와 결혼하기도 해요. 1분에 23명, 3초에 1명의 여자 어린이가 원하지 않는 결혼을 하며 집과 학교를 떠나고 있어요.

딸을 가진 가난한 집안에서는 어린 딸을 결혼시키며 신랑이 주는 결혼 지참금이라는 이름의 돈을 받아요. 딸을 남자에게 보내면 먹여야 하는 식구를 줄일 수 있어서 돈벌이 수단으로 생각하기도 해요. 심지어 결혼 지참금으로 염소 한 마리 값을 받기도 해요. 이런 결혼은 염소 한 마리를 받고 딸을 파는 행위와 다름없어요. 오래전부터 행해진 전통이라는 이유로, 여자아이는 하찮은 존재라고 생각하는 차별 의식이 뿌리박혀 있어요. 이로 인해 수많은 여자 아이가 미래를 빼앗기고 있어요.

여자 어린이의 삶은 자신이 결정해야 해요

팔리듯 결혼해 남자 집으로 가게 된 여자 어린이는 학교에 가지 못해요. 남편 가족을 위해 밥하고 빨래하며 집안에 갇힌 존재가 돼요. 학교에 보내달라고 했다가는 매를 맞기 십상이에요. 교육을 받지 못해 사회에서 자기 역할을 할 수 없는 어린 신부들은 미래를 꿈꾸지 못해요.

가장 심각한 것은 아직 몸이 자라는 시기에 아내의 역할을 강요받으며 남편에게 성폭력을 당하는 거예요. 힘든 시간을 보내다가 갑자기 임신을 하면, 안전하지 않은 곳에서 아기를 낳다가 목숨을 잃기도 해요. 짐바브웨의 마차야처럼요. 어린 나이에 강제로 결혼해 목숨을 잃는 여자 어린이들은 매년 7만 명이나 돼요.

조혼은 어린 여성의 인권을 침해하는 범죄 행위예요. 여자 어린이로서 존중받고 자기 권리를 누릴 수 있도록 '조혼'을 없애기 위해 다 같이 노력해요.

여자 어린이의 강제 결혼은 가난한 나라나 폐쇄적인 지역에서 주로 발생해요

남성 중심적인 사회는 여성을 존중하지 않아요. 여성은 아이를 낳고 집에서 살림만 하면 된다고 여겨 학교에 보낼 필요도 없다고 생각하죠. 남편이 소유한 '사람이 아닌 사람'으로 취급받아요. 여자는 원래 그런 존재라고 여겨서, 이런 일이 오랫동안 계속되고 있어요. 여자 어린이도 인간이기에 존중받아야 해요. 아버지나 오빠의 결정이 아닌 자신의 결정으로 스스로 삶을 살 수 있어야 해요. 여자 어린이로서 존중받고 자기 권리를 누릴 수 있도록 '조혼'을 없애기 위해 다 같이 노력해요.

세계 시민 수업

세상을 바꾼 열 살 이혼녀, 누주드

2008년 예멘의 한 법정에서 이혼 소송이 이루어졌어요. 법원에 이혼 소송을 제기한 사람은 아내인 누주드 알리였어요. 법원의 이혼 결정으로 누주드는 법적으로 '이혼녀'가 되었어요. 그때 누주드의 나이는 고작 열 살이었죠.

누주드는 그림 그리기를 좋아하고 초콜릿을 먹고 바다에 가보는 것이 소원인 어린 소녀였어요. 하지만 아홉 살 때 아버지의 강요로 자기보다 스무 살이나 많은 남자와 결혼했어요. 결혼과 동시에 매일 구타와 성폭행을 당하던 누주드는 용기를 내 홀로 법원을 찾아가 이혼을 신청했어요. 이혼 재판이 진행되는 동안 누주드는 명예 살인의 위협을 받았지만 판사와 인권 운동가들의 도움으로 끝내 자유를 얻었어요.

누주드의 이야기를 담은 책은 20개가 넘는 언어로 번역되어 전 세계에 알려졌어요. 누주드의 이혼 소송 이후 예멘은 결혼 최저 나이를 17세로 제한하는 법을 제정했어요. 누주드의 용기가 세상을 바꾸었어요.

조혼의 역사

사실 조혼은 오랫동안 세계 전역에서 이루어졌어요. 서양의 역사를 살펴봐도 열 살이 채 안 된 어린 여자아이가 나이 많은 남자와 결혼한 예를 많이 볼 수 있죠. 우리나라도 조선 시대는 물론이고 일제 강점기 때도 조혼이 이루어졌어요.

근대화 이후 많은 나라에서 일정 나이가 되기 전에는 결혼하지 못하도록 법으로 막았어요. 하지만 법을 제대로 갖추지 못했거나 행정력이 부족한 나라에서는 여전히 조혼이 이루어지고 있어요. 조혼은 주로 남아시아와 아프리카의 여러 나라에서 많이 이루어지지만, 미국에서도 여전히 어린 나이에 결혼하는 여자아이들이 있어요.

흔히들 옛날에 비해 여성과 남성의 권리가 많이 평등해졌다고 하지만, 지구 곳곳에서는 여전히 여성에 대한 차별이 없어지지 않고 있어요. 심지어 차별을 넘어 억압하기까지 하는 나라도 많지요. 세상의 절반은 여성이에요. 단지 성별을 이유로 신체를 훼손하고 자유를 빼앗아서는 정의롭다고 할 수 없어요. 누구나 평등한 대우를 받으며 자신의 삶을 누릴 수 있어야 해요. 성평등을 이루면 누구나 살기 좋은 세상을 만들 수 있어요.

3부
여성 평등 (양성평등)

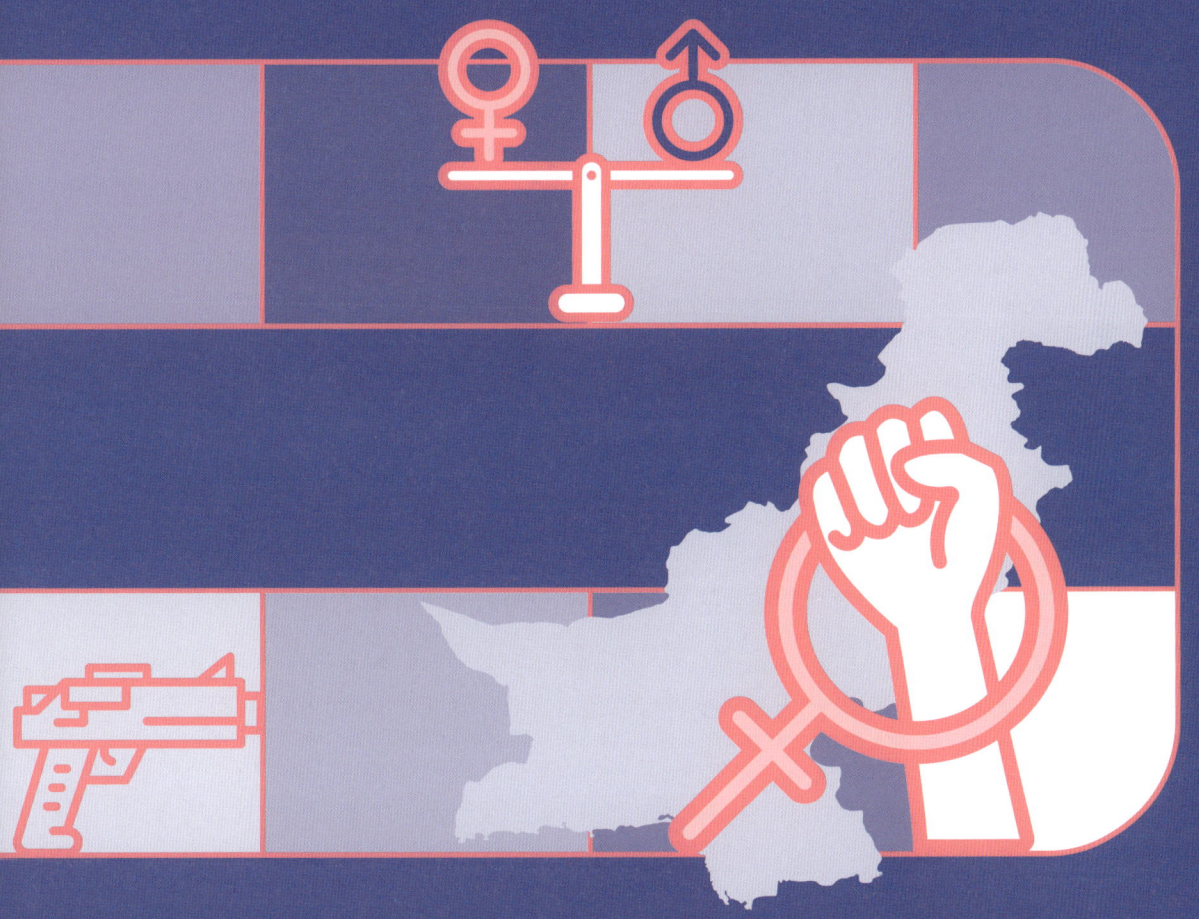

히잡은 여성 인권을 탄압하는 옷인가요?

히잡을 둘러싼 논란과 오해

#인권 #여성_인권 #히잡
#마흐사_아미니

사건명	프랑스의 '공공장소 안 종교 상징물 착용 금지법' 제정
발생일	2004년 4월 11일

📍 자연환경과 전쟁 속에서 몸을 보호하기 위해 히잡을 쓰기 시작했어요

이슬람교를 믿는 여성들은 스카프로 머리카락을 가리는 독특한 복장을 해요. 이런 복장을 '히잡'이라고 불러요. 이슬람교도들이 사용하는 언어인 아랍어로 '가리다'라는 뜻이에요. 이슬람교를 주로 믿는 지역인 북부 아프리카와 서남아시아는 사막과 초원으로 이루어진 건조한 지역이에요. 히잡은 뜨거운 태양과 사막의 모래 먼지로부터 여성의 신체를 보호하는 역할을 해요. 남자들은 머리에 긴 천을 둘둘 감은 터번을 쓰기도 해요.

히잡은 거친 자연환경에 적응하기 위한 복장이기도 하지만, 여성들의 머리카락을 가려서 여성을 보호하려는 이유도 있었어요. 이 지역은 예로부터 서양과 동양의 교통 중심지라서 침략과 전쟁이 잦았어요. 전쟁에서 여성들은 인권을 유린당하기 쉬웠어요. 이런 이유가 종교적으로 반영되어 이슬람교도 여성은 히잡을 썼어요. 현대 역사에서 히잡을 쓰지 않고 자유로운 복장을 했던 시기도 있었지만 지금은 히잡이 일반적인 복장이에요. 지역이나 집안에 따라 '부르카'나 '니캅', '차도르' 등을 쓰기도 해요.

📍 프랑스에서는 여성의 인권을 보호하기 위해 히잡을 벗어야 한다고 해요

프랑스를 비롯한 유럽에는 이슬람교를 믿는 사람이 많아요. 2004년 프랑스는 학교를 비롯한 공공장소에서 종교를 드러내는 상징물을 착용하지 못하도록 법을 제정했어요. 이슬람교를 상징하는 히잡을 쓰던 여학생들은 히잡을 벗고 학교에 다니거나 퇴학을 당해야 했어요. 많은 여학생이 히잡 벗는 것을 거부해 학교를 떠나야 했죠.

2010년에는 얼굴을 가리는 이슬람교도 여성 복장인 니캅이나 부르카를 금지하는 법안도 만들어졌어요. 당시 프랑스 대통령은 여성의 자유와 존엄성을 지켜주기 위해 이 법이 필요하다고 했어요. 덴마크를 비롯한 여러 나라에서도 극단적인 이슬람교를 막기 위해 부르카 입는 것을 금지했어요.

📍 '히잡을 써라 혹은 쓰지 마라'라고 누가 말할 수 있나요?

프랑스 같은 서양 국가들은 히잡이 여성의 인권을 억압한다고 생각해요. 실제로 이슬람교를 극단적으로 따르는 나라에서는 여성의 인권과 사회 활동을 강하게 제약해요. 히잡은 그 상징이라고 볼 수도 있죠. 하지만 히잡을 입는 이슬람교도 여성의 대부분은 자신이 원해서 히잡을 쓴다고 말해요. 히잡은 이슬람교도라는 자신의 정체성을 드러내는 복장이기 때문이에요.

히잡을 착용할지 말지는 여성이 자율적으로 선택할 문제예요. 이란과 사우디아라비아처럼 여성에게 강제로 히잡을 쓰도록 하는 나라라면 여성 인권을 억압하는 것이 맞아요. 하지만 히잡을 쓰고 싶은 여성에게 '자유를 지켜주겠다'라는 이

프랑스는 바닷가에서 이슬람 여성을 위한 수영복인 부르키니도 금지했어요. 히잡을 착용할지 말지는 다른 누구도 아닌 여성늘이 스스로 결성알 문제예요.

이슬람교를 믿는 여성 운동선수는 히잡을 착용한 채 운동 경기에 나가기도 해요.

유로 입지 못하게 강제하는 것 역시 자유를 침해하는 일이에요. 히잡을 쓰든 쓰지 않든, 여성이 자신의 삶을 스스로 결정하는 것이 진정한 자유와 존엄성을 지키는 길이에요.

이란의 히잡 강요 반대 시위

세계 시민 수업

2022년 9월 16일 이란의 22세 여성 마흐사 아미니가 '종교경찰(도덕경찰)'에 체포된 후 사망했어요. 히잡을 올바르게 착용하지 않았다는 이유였죠. 목격자들은 아미니가 경찰에게 구타당한 뒤 경찰차에 부딪혀 뇌를 다쳤을 거라고 말해요. 이 사건 이후 이란 여성들은 히잡 착용에 반대하는 시위를 대대적으로 펼쳤어요. 이란에서 여성이 히잡을 쓰지 않고 돌아다닐 경우 벌금을 내거나 감옥에 가야 해요. 사실 이란에서는 오래전부터 여성을 중심으로 히잡 강요 반대 시위가 있었어요. 아미니의 사건 이후로 수많은 여성 운동가가 커다란 희생을 당하면서도 꾸준히 히잡 강요 반대 시위를 벌이고 있어요.

히잡, 니캅, 차도르, 부르카

 히잡 명칭과 의미가 지역이나 나라마다 조금씩 달라요. 넓은 의미로 이슬람교도 여성의 옷을 히잡이라 부르기도 해요. 일반적으로 히잡은 긴 스카프로 머리카락과 귀, 목을 가리는 복장을 말해요.

 **니캅** 여기에 눈만 보이고 코와 입까지 가려요.

 **차도르** 얼굴을 보이며 몸 전체를 감싸는 검은 옷이에요.

 **부르카** 눈까지 가려 여성의 몸 전체를 완전히 가리는 의복이에요. 눈 부분만 망사로 되어 있어 앞을 볼 수 있어요.

전쟁 수단으로 여성을 이용한다고요?

콩고 민주 공화국의 성폭행 범죄

#인권 #전쟁 #여성_폭력 #성폭력 #드니_무퀘게
#판지_병원 #콩고_민주_공학국

콩고 민주 공화국

사건명	드니 무퀘게 원장의 귀국
발생일	2013년 1월 14일

📍 성폭력 희생자를 위한 판지 병원

아프리카의 콩고 민주 공화국은 아기를 낳다가 사망하는 여성이 많은 나라예요. 산부인과 의사 드니 무퀘게는 1999년에 임신한 여성을 위한 병원을 세웠어요. 판지 병원이라는 이름으로 문을 연 이곳에 온 첫 환자는 임신한 여성이 아니었어요. 성폭행을 당한 뒤 몸에 총을 맞아 고통스러워하는 환자였어요.

무퀘게 원장과 의료진은 이 여성을 치료하면서 콩고 민주 공화국에서 벌어지는 충격적인 일을 알게 되었어요. 국가 내에서 벌어지는 전쟁으로 인해 수많은 성폭력 피해자가 발생한다는 것을 말이죠. 하루에도 7~8명의 성폭력 피해자들이 공포에 떨며 피를 흘리면서 병원을 찾아오고 있어요. 판지 병원은 지금까지 5만 명이 넘는 성폭력 희생자를 치료했어요.

콩고 민주 공화국

판지 병원은 성폭력 생존자의 치료뿐 아니라 다양한 재활 프로그램을 운영하고 있어요.

📍 전쟁의 최대 피해자는 여성이에요

콩고 민주 공화국은 20년이 넘는 기간 동안 국가 내에서 전쟁이 계속되고 있는데요. 전쟁은 내가 살기 위해 상대를 죽여야 하는 상황이어서, 사람으로서 지켜야 할 도덕이나 사회 규범이 의미가 없어져요. 상대를 죽이는 일이 당연한 상황이니 누구를 때리거나 물건을 뺏거나 괴롭히는 일은 아무것도 아니게 되죠. 특히 전쟁에서 가장 큰 희생자는 여성이에요. 전쟁의 비인간성과 폭력에 무감각해진 남성들에 의해 성적 폭력과 학대를 당하곤 하죠. 여성의 인권은 무참히 짓밟혀요. 전 세계 전쟁에 동원되는 어린이 중 3분의 1이 여자 어린이라는 사실은 더욱 안타까운 현실이에요.

성폭력을 전쟁의 무기로 쓰는 콩고 민주 공화국

성폭행을 당하는 여성이 콩고 민주 공화국에서 유난히 더 많은 이유는 바로 상대 적군의 조직을 무너뜨리기 위한 수단으로 성폭력을 활용하기 때문이에요. 자식을 보호하고 가정을 지키려는 의지가 강한 어머니를 가족이 보는 앞에서 성폭행하면 가정이 파괴되고 그 사회가 더 쉽게 무너진다고 생각해요. 그래서 콩고에서는 전쟁의 수단으로 여성을 성폭행하는 일이 수시로 일어나요. 그뿐만 아니라 여성의 몸에 잔혹한 짓을 해 심각한 후유증을 남기는, 짐승만도 못한 일도 저지르죠.

2018년 노벨 평화상을 받은 드니 무퀘게 박사

무퀘게 박사는 판지 병원에서 여성을 치료하며 전쟁의 수단으로 여성을 파괴하는 일을 당장 멈추라고 주장했어요. 유엔에서 콩고 정부와 반군을 비판하는 연설을 한 무퀘게는 한 달 뒤 괴한들의 습격을 받았어요. 가족의 안전을 위해 콩고를 떠난 무퀘게는 몸은 편했지만, 마음은 괴로웠어요. 콩고의 여성들이 무퀘게 원장에게 편지를 썼기 때문이에요. 우리가 지켜 줄 테니 콩고로 돌아와 달라는 내용이었어요. 판지 병원의 환자를 비롯한 여성들이 토마토와 파인애플 등을 판 돈을 들고 병원을 찾아와 무퀘게 원장이 돌아올 수 있게 비행기 표를 마련해달라고 애원했어요.

결국 무퀘게 원장은 안락한 외국 생활을 뒤로하고 다시 위험한 자신의 나라로 돌아갔어요. 2013년 1월 14일 공항에서 도시까지 30킬로미터가 넘는 도로는 사람들로 가득했죠. 무퀘게 원장을 환영하는 판지 병원의 환자들과 시민들이었어요.

무퀘게 원장은 이후에 '시티 오브 조이'라는 기관을 통해 성폭력 생존자의 안정과 자립을 위해서도 힘쓰고 있어요. 그는 성폭력이 전쟁 도구가 되는 것을 막으려는 노력을 인정받아 2018년에 노벨 평화상을 수상하기도 했죠. 전쟁을 끝내야 인간답게 살 수 있어요. 한국을 방문한 적도 있는 무퀘게 원장은 전쟁에서 입은 성폭력의 피해를 증언했던 일본군 '위안부' 여성들의 용기에 박수를 보낸다고 했어요. 남녀 모두 행동에 나설 때 비극을 멈출 수 있어요.

판지 병원을 세운 드니 무퀘게.

성폭력 피해자에서 생존자로

세계 시민 수업

성폭력을 경험한 여성들을 사회는 '피해자'라고 불러요. 성폭력이라는 범죄의 피해를 입은 사람이라는 뜻이죠. 실제로 신체적인 피해뿐 아니라 다양한 심리적 후유증도 겪기 때문에 피해자라는 표현이 맞을 수도 있어요. 하지만 피해자는 단순히 고통을 경험했다는 의미만 있어요. 가해자에게 피해를 입은 수동적인 위치에 놓는 표현이죠. 하지만 피해자들은 서서히 성폭력 피해가 자신의 잘못이 아님을 깨닫고 그 고통과 상처를 극복하며 행복하게 살아가기로 결심해요. 그래서 스스로 능동적이고 주체적으로 행동하는 그들을 '생존자'라고 불러요.

폭력 생존 여성들을 위한 '시티 오브 조이'

'시티 오브 조이'는 '기쁨의 도시'라는 뜻이에요. 13~18세의 성폭력 피해 생존자들의 재활을 돕고 있죠. 6개월의 집중 프로그램을 운영하면서 기본적인 학업은 물론 미술과 음악, 명상, 요가를 활용한 치유를 진행하고, 호신술, 위생, 머리 손질과 메이크업 등 자기 자신을 돌보는 방법도 가르쳐요.

시티 오브 조이

이곳을 나온 사람들은 자신이 입은 피해가 자신의 잘못이 아님을 깨닫고 스스로 독립된 사람이라 느껴요. 이곳을 거친 많은 성폭력 생존자는 자신의 공동체로 돌아가서 다른 사람을 가르치거나 비정부기구와 일하고, 혹은 스스로 단체를 만들기도 해요. 학교 교장이 된 사람도 있고, 마을 추장이 된 사람도 있다고 해요.

3부 | 여성 평등 (양성평등) 83

마른 몸의 여자가 예쁘다고요?

다이어트에 관한 진실

#건강한_몸 #여성_인권 #편견
#이자벨_카로

사건명 '너무 마른 몸매 모델 퇴출법' 마련
발생일 2015년 12월 17일

📍 프랑스 모델 이자벨이 거식증의 위험을 알렸어요

2007년 이탈리아의 밀라노 거리에 한 여성의 나체 사진이 걸렸어요. 앙상한 팔다리에 수척한 얼굴, 갈비뼈가 드러난 그녀의 이름은 이자벨 카로였어요. 프랑스의 모델이었던 그녀는 165cm의 키에 몸무게는 고작 31kg이었어요. 지나치게 마른 몸이었죠. 어릴 때부터 살이 찌면 안 된다고 생각했던 그녀는 거식증으로 고통받고 있었어요. 그녀가 나체 사진을 찍은 이유는 거식증의 위험을 알리기 위해서였어요. 사람들이 적나라하게 드러난 자신의 몸을 보고 아름답지 않다는 것을 알았으면 했어요. 이자벨은 용기 있게 자신의 모든 것을 드러내며 마른 몸에 대한 찬양을 멈추기 위해 노력했는데요. 결국, 28세의 나이로 세상을 떠났죠.

📍 마른 몸매의 모델이 패션쇼를 장악했어요

세계의 패션을 이끄는 대표적인 나라로 프랑스가 꼽혀요. 프랑스에서 열리는 패션쇼는 세계적인 유행을 만들어내죠. 패션쇼 무대에 오르는 여성 모델들은 큰 키와 날씬한 몸매로 옷의 맵시를 살리죠. 그런데 언제부터인가 날씬함을 넘어서 깡마른 몸매의 모델들이 무대를 장악하고 있었어요. 여성 모델들은 살을 빼기 위해 무리한 다이어트를 하는 것이 일상이 되었어요. 음식을 먹으면 안 된다는 강박의식이 음식을 거부하는 거식증으로 이어졌죠. 거식증에 걸려 건강을 해치거나 정신 질환으로 고통받는 모델이 늘어났어요.

미의 기준에 대한 반성의 목소리가 높아졌어요

이자벨의 죽음은 패션계뿐 아니라 전 세계 사람들에게 큰 충격을 주었어요. 그녀의 용기 있는 행동으로 거식증에 걸려 고통받는 사람들이 프랑스에만 4만 명이나 된다는 사실도 알려졌죠. 프랑스에서는 미의 기준에 대한 반성의 목소리가 높아졌어요. 마른 모델을 선호하는 패션 업계에 비난 여론이 쇄도하였죠. 프랑스 의회는 모델들의 건강을 위해 너무 마른 몸매를 가진 모델은 무대에 서지 못하게 하는 법안을 통과시켰어요. 키와 몸무게의 상관관계를 계산한 비만도에서 일정 기준이 되어야 무대에 설 수 있도록 한 것이죠. 유명 명품 업체들도 신체 치수 44 이하의 모델을 고용하지 않기로 했어요.

자기 몸의 주인은 자신이에요

마른 여자가 예쁘다는 것은 여성에 대한 편견을 조장해요. 특히 패션이나 연예계에서 마

날씬하고 마른 몸이 아니라 언제나 튼튼하고 활력 있게 생활하는 것이 중요해요.

른 여성들이 등장하면서 마른 몸매가 미의 기준이 되었던 거죠. 영국에서 200명의 젊은 여성을 대상으로 아름다움에 관해 실험한 연구 결과를 내놓았는데요. 마른 몸과 정상, 비만인 몸의 여성 사진을 보여준 후 자신의 몸에 대한 만족도를 조사했어요. 마른 몸의 사진을 본 실험 참가자는 자신의 몸에 대한 만족도가 낮았어요. 하지만 정상이나 비만 여성의 사진을 본 실험 참가자는 만족도가 높았죠. 마른 몸매의 여성이 미디어에 자주 나오면 마른 몸이 선망의 대상이 되죠. 여성 몸에 대한 왜곡된 의식이 생겨나요.

마른 여성은 좋고, 뚱뚱한 여성은 나쁘다는 편견이 만들어진 것이라는 연구 결과도 있어요. 여성은 마른 몸매를 가져야 한다거나 예뻐야 한다는 생각은 여성에 대한 차별로 이어져요. 성평등 사회로 나아가는 길을 역주행하는 셈이죠. 자기 몸의 주인은 자신이에요. 남들이 바라보는 내가 아닌, 나다운 사람이 되는 것이 더 중요해요.

우리나라의 거식증 인구 — 세계 시민 수업

건강 보험 심사 평가원이 제공한 자료에 따르면 2021년 우리나라의 거식증 환자는 4,881명이었대요. 그중 남성은 1,227명, 여성은 3,654명으로 여성이 3배 가까이 많았죠. 거식증은 단순히 살만 빠지는 게 아니라 체력이 나빠져 다양한 질병에 걸릴 수 있어서 더 위험해요.

거식증 환자 3천 명을 대상으로 한 연구 결과에 따르면 거식증으로 인한 사망자는 178명(5.9%)인데, 그중 합병증으로 인한 사망이 89명(54%), 극단적 선택이 44명(27%)으로 나타났어요.

거식증

거식증은 먹는 것을 병적으로 거부하거나 두려워하는 섭식 장애의 하나예요. 다른 말로 신경성 식욕 부진증이라고도 하는데, 살을 빼려는 집착이나 특정한 이유로 음식을 거부하는 것도 포함해요.

신체의 질병이나 정신과적 질병에 따른 식욕 부진도 있지만, 살이 찌는 것을 두려워하거나 극단적으로 마른 몸을 추구하는 거식증도 많아요. 이들은 음식을 먹지 않기도 하지만 아주 적은 양의 음식을 먹고 억지로 구토하는 식으로 무리하게 체중을 감량해요.

명예를 위해 가족을 죽인다고요?

'명예 살인'이라는 이름의 범죄

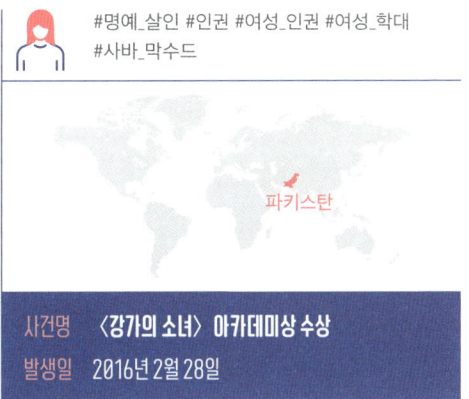

#명예_살인 #인권 #여성_인권 #여성_학대 #사바_막수드

사건명	〈강가의 소녀〉 아카데미상 수상
발생일	2016년 2월 28일

📍 '명예 살인'이라는 이름의 범죄가 전 세계에 알려졌어요

아카데미상 혹은 오스카는 미국에서 가장 권위 있는 영화 시상식인데요. 2016년 2월에 열린 제88회 아카데미 시상식에서는 〈강가의 소녀〉라는 작품이 다큐멘터리상을 받았어요. 이 작품은 파키스탄의 사바 막수드라는 여성의 실화를 다루었는데요. 사바는 사랑하는 남자가 있었지만, 가족의 반대가 심했어요. 집안의 반대를 무릅쓰고 결혼하자 아버지와 삼촌은 그녀를 심하게 폭행하고 총까지 쏘았어요. 총에 맞은 그녀는 자루에 담겨 강가에 버려졌어요. 하지만 사바는 기적적으로 살아났어요. 다만 왼쪽 얼굴이 상처로 일그러졌어요. 이 작품이 아카데미상을 받으면서 파키스탄의 '명예 살인'이 전 세계에 알려졌어요.

영화 〈강가의 소녀〉

3부 | 여성 평등 (양성평등)

집안의 명예를 더럽혔다는 이유로 가족을 죽여요

자신의 딸에게 끔찍한 짓을 저지른 사바의 아버지는 처벌받지 않았어요. 그녀의 아버지는 당당하게 말했죠. 아버지가 반대하는 결혼을 한 딸의 행동은 가족의 명예를 더럽힌 거라고요. 그래서 명예를 지키기 위해 딸을 죽이려 한 것이라고 했어요.

사바의 아버지와 삼촌의 행동을 '명예 살인'이라고 하는데요. '명예 살인'은 가족이나 부족과 같은 공동체의 명예를 더럽혔다는 이유로 공공연하게 이루어지는 살인 행위를 말해요. 결혼 전 성관계를 갖거나 가족이 반대하는 결혼을 한 여성을 죽이는 일이 많아요. 심지어는 성폭행을 당했는데도 집안에 먹칠을 했다며 죽이기도 해요. 아버지나 오빠, 남동생 등이 딸이나 누나, 여동생을 죽이는 거예요.

'명예 살인'을 범죄로 처벌하라는 세계인의 비판이 거세졌어요

명예 살인은 서아시아와 인도, 파키스탄 등지에서 많이 일어나는데요. 아프리카에서도 자주 일어나요. 1년에 5천 명 이상의 여성이 오빠나 아버지 같은 남성 가족에게 목숨을 잃고 있어요. 명예 살인이 일어나는 국가에서는 명예 살인을 범죄라고 생각하지 않아요. 다른 가족이 용서하면 처벌받지도 않아요. 이란 같은 국가에서는 다른 살인죄보다 훨씬 가볍게 처벌

2010년 파키스탄의 라호르에서는 명예 살인에 반대하는 시위가 열렸어요.

하고 있어요.

〈강가의 소녀〉가 아카데미상을 받으면서 전 세계인들은 비로소 명예 살인의 이름으로 고통받는 여성들의 절규를 듣게 되었어요. 명예 살인이 일어나는 파키스탄을 향해 세계인들의 비판이 거세졌어요. 결국, 파키스탄 총리는 '명예 살인'에 관한 처벌을 강화하겠다고 약속했어요.

'명예 살인'은 여성을 남성의 소유물로 여기는 악습이에요

명예 살인은 가부장제의 나쁜 관습인데요. 가부장제는 가족 제도에서 가족을 통솔하고 재산 따위를 관리하는 가장이 가족에 대해서 절대 권력을 갖는 것을 말해요. 명예 살인이 이슬람교를 믿는 지역에서 많이 발생하다 보니 이슬람교의 여성 인권 침해로 보기도 해요. 하지만 명예 살인은 비단 이슬람교가 아닌, 기독교나 힌두교 지역에서도 일어나는 범죄예요. 산간 마을이나 농촌 등 남성이 강자인 폐쇄적인 지역에서 주로 일어나요. 명예 살인은 여성을 남성의 소유물로 여기며 함부로 대해도 된다는 남녀 차별 의식에서 비롯해요. 이슬람 율법을 극단적으로 해석해 '명예 살인'을 범죄로 인식하지 못하는 사람도 많아요.

이슬람교 국가 중 경제가 발전하고 여성 인권 의식이 발달한 말레이시아나 인도네시아에서는 일어나지 않아요. 그래서 국민의 생명을 지키려는 국가의 역할이 중요해요. 교육을 통해 잘못된 문화를 바꾸고 법 체계를 제대로 갖춘다면 명예 살인은 사라질 수 있어요.

명예 살인으로 목숨을 잃은 유튜버 티바 | 세계 시민 수업

유엔은 1년에 명예 살인으로 목숨을 잃는 사람이 5천 명이나 된다고 발표했어요. 이라크 출신의 여성 티바 알-알리는 1만 명 넘는 구독자를 보유한 유명 유튜버였어요. 17세 때 가족과 함께 튀르키예에 여행 갔다가 이라크로 돌아오지 않고 혼자 그곳에 정착했어요. 그러던 그녀가 일이 있어 다시 이라크에 갔다가 아버지에게 살해당했어요. 아버지는 딸이 타국에 혼자 사는 것에 불만이 있었거든요. 이런 끔찍한 범죄를 저지르고도 아버지는 고작 6개월의 징역형을 받는 것으로 끝났어요.

여성이라는 이유로 차별을 받는다고요?

아직도 갈 길이 먼 성평등

#metoo #미투 #미투_운동 #성차별 #성폭력 #성평등

미국

사건명 **미투 운동**
발생일 **2017년 10월 15일**

📍 성범죄를 당한 여성들이 '미투(me too)'라는 댓글을 달았어요

2017년, 미국의 시사 주간지 〈뉴욕 타임스〉가 할리우드의 영화 제작자 하비 와인스타인의 성범죄를 고발했어요. 와인스타인은 세계적인 흥행작을 만들어내며 명성을 쌓은 인물인데요. 이 보도로 그가 30년 동안 저지른 성범죄가 세상에 드러났어요. 수많은 여배우와 여직원이 그의 악랄한 성범죄 대상이었다는 사실에 전 세계는 충격에 빠졌어요. 그동안 여성들은 그의 권력이 두려워 성폭력을 당한 고통을 참으며 침묵했죠.

이 보도 후 2017년 10월 15일, 영화배우 알리사 밀라노는 SNS에 "당신이 성희롱이나 성폭력을 당한 적이 있다면 '미투(me too)'를 달아달라"라는 글을 올렸어요. 단 하루 만에 '나

미국

도 그랬어'라는 의미의 미투 댓글이 50만 건이나 달렸어요. 귀네스 팰트로와 앤젤리나 졸리 같은 세계적인 스타들도 자신이 와인스타인에게 당한 성범죄를 고백했죠.

미투 운동 이후 전 세계 여성이 권력형 성범죄를 고발했어요

와인스타인이 30년 동안이나 성범죄를 저질렀는데도 수많은 피해자가 침묵했던 이유는 뭘까요? 권력에 의한 성범죄였기 때문이에요. 성범죄는 특히 피해 생존자가 가해자에게 저항하거나 고소를 했을 때 더 큰 불이익을 당할 때가 많아요. 그래서 참을 수밖에 없었던 거죠. 세상에 알려지면 자신의 이미지만 더 나빠질 거라는 두려움도 컸어요. 하지만 알리사 밀라노의 제안 이후 수많은 성범죄 피해 생존자들이 용기를 내어 자신의 이야기를 세상에 드러냈어요. 성범죄를 당한 여성의 잘못이 아니라는 것을 사람들에게 알렸어요. 성폭력을 고발하는 미투 운동은 전 세계로 퍼져 나갔어요.

남성 중심 사회에서 여성에 대한 인권 침해가 심각해요

성평등은 성별이 다르다고 해서 차별받지 않는 것을 말해요. 하지만 미투 운동에서 알 수 있듯 권력을 가진 남성에 의한 성범죄는 끊임없이 일어나요. 경제적으로 낙후되고 폐쇄된

미투 운동.

지역뿐 아니라 미국과 같은 선진국에서조차 심각한 문제죠.

　남성 중심의 가부장적인 문화가 심한 곳일수록 성의 **불평등**은 심각해요. 여성을 남성과 동등하다고 여기지 않는 편견 때문에 여자 어린이는 교육을 받지 못해요. 가사 노동을 하거나 어린 나이에 결혼해 자신이 원하는 삶을 살지 못하기도 해요. 허드렛일을 하며 성적 대상이 되는 것이 여성의 역할이라고 인식하는 지역이 여전히 많아요. 일부 이슬람 지역에서는 남성 보호자 없이는 여성은 집 밖에도 나갈 수 없어요. 최근 코로나19로 집에 머무는 시간이 길어지면서 남편이나 아버지에게 폭력을 당하는 여성의 수도 늘어나고 있어요.

성평등을 이루면 누구나 살기 좋은 세상이 돼요

성 고정관념을 극복하고 성평등이 이루어진 사회는 성과 상관없이 인간을 소중하게 여겨요.

　세계적으로 여성이 차별받는 사회 구조는 '젠더'의 문제와 관련이 있어요. '성별'은 타고난 생물학적 성(性)을 말하는데, '젠더'는 사회적으로 이 생물학적 성에 부여한 사회적 차이예요. 여자니까 이래야 한다, 여자는 이러면 안 된다 같은 생각이 젠더에 대한 불평등을 심각하게 만들어요.

　전 세계 국회의원 중 여성은 25%에 불과해요. 경제 협력 개발 기구 가입국에서조차 여성이 일하고 받는 임금이 남성보다 12%가 적어요. 여성이 선거권을 가지고 정치에 참여한 역사도 이제 겨우 100년이 넘었고요. 여성이 회사에서 고위직으로 승진하기 어려운 것도 성(젠더) 차별의 예라고 할 수 있어요. 누구나 평등한 대우를 받으며 자신의 삶을 누릴 수 있어야 해요.

젠더

젠더(gender)는 사회적으로 구조화된 남성과 여성의 역할, 신념 체계, 태도, 이미지, 가치, 기대 등을 말해요. 흔히 사회적 성이라고도 해요. 남성성, 여성성으로 표현하는데, 신체적 차이보다는 사회적으로 나타나는 성 역할에 더 중점을 둔 개념이에요.
한편 섹스(sex)는 남성과 여성, 수컷과 암컷을 구별하는 생물학적 성을 말해요.

생리가 부끄러운 거라고요?

인간의 존엄성 문제, 생리

#생리 #성차별 #여성_차별 #차우파디

사건명: '차우파디'로 인한 여성 사망
발생일: 2019년 12월 1일

네팔 일부 지역에서 생리하는 여성을 격리하는 나쁜 관습(차우파디)이 있어요

네팔의 한 마을에서 21세 여성이 작은 오두막에서 숨진 채 발견되었어요. 파르바티라는 이름의 이 여성은 홀로 오두막에서 지냈는데요. 추위를 막으려 불을 피웠다가 연기에 질식해 목숨을 잃고 말았어요. 파르바티가 추운 겨울 오두막에서 홀로 지낸 이유는 바로 생리 때문이었어요.

네팔 일부 지역에서는 '차우파디'라는 관습이 있어요. 생리하는 여성을 집과 가족으로부터 분리해 홀로 지내게 하는 거예요. 생리로 인한 피를 부정하게 여겨 생리하는 여성을 불길한 존재로 생각해요. 그래서 생리 기간에 가족과 접촉하면 가족이나 마을에 나쁜 일이 생긴다고 믿는 잘못된 생각이 여전히 있어요.

남성 중심 사회에서 생리하는 여성은 불행을 가져온다고 믿어요

생리 중에 홀로 격리된 여성은 작은 오두막이나 가축이 사는 헛간에 머물러요. 추위나 영양실조에 걸리기도 하고, 독사 등에 물려 목숨이 위태로워지기도 해요. 제대로 씻거나 생리대를 빨기도 어려워 병에 걸리는 일도 흔하죠. 문고리가 허술하고 여자 혼자 있다는 것을

생리는 불결한 일도, 창피한 일도, 숨겨야 할 일도 아니에요. 건강하게 성장하고 있다는 증표예요. 여성이 교육받는 비율이 높아지면서 네팔에서 차우파디 관습이 서서히 사라지고 있어요.

노린 남자들에게 성폭행을 당하는 일도 자주 일어나요. 생리하는 여성이 더럽다고 여겨 폐렴에 걸리거나 독사 등에 물려 다쳐도 병원에 데려가지 않아요. 생리 중인 여성을 만지면 나쁜 일이 생긴다고 믿기 때문이죠.

고대 힌두교의 종교적 관습인 차우파디는 과학적 근거가 전혀 없어요. 하지만 남성 중심의 사회에서 사람들의 믿음은 바위보다 단단하죠. 심지어 여성들조차 생리 기간에 집에 있으면 자신이 불행을 가져올 거로 생각해요. 생리는 자연스러운 현상임에도 불구하고 여성 스스로 자신을 혐오하게 되는 거예요.

생리는 부끄러운 일도, 말하면 안 되는 것도 아니에요

생리는 세상의 절반인 모든 여성이 해요. 여성은 임신할 경우 태아를 보호하기 위해 자궁벽이 두꺼워지는데요, 임신하지 않을 때 자궁벽의 조직이 쪼개져 피와 함께 밖으로 빠져나오는 게 생리예요. 한마디로 자연스러운 현상이죠. 하지만 많은 나라에서 여전히 생리를 부끄러운 일, 말하기 꺼려지는 일로 여기고 있어요.

우리나라에서는 생리라는 말 대신 '마법' '그날'과 같은 표현으로 대신하기도 해요. 독일에서는 '딸기 주간', 미국에서는 이모가 지나간다는 뜻의 '앤트플로(Aunt Flow)'라 부르죠. 영국에서는 '붉은 군대가 도착했다'라는 말로 돌려 말해요. 여성이 생리를 한다는 것은 아기를 가질 수 있는 건강한 몸 상태를 뜻해요. 우리 모두가 생리에 대해 정확히 알고, 잘못된 생각을 바꿀 필요가 있어요. 생리는 부끄러운 게 아니라, 자연스럽고 소중한 몸의 변화라는 걸 알아야 해요.

생리에 대한 인식을 개선하고 제도를 마련해야 해요

선진국과 개발 도상국 여성 누구나 생리를 하지만, 생리대를 사야 하는 문제는 또 다른 경제적 문제예요. 많은 아프리카 소녀는 생리대를 살 돈이 없어서 나뭇잎이나 지푸라기, 헝겊 등을 이용해요. 이런 것들은 생리로 흘리는 피를 제대로 흡수하지 못하죠. 그 때문에 생리 기간에는 학교에 가기 힘들어요. 위생적인 생리대를 쓰고, 생리대를 안전하게 교체할 수 있는 문고리가 있는 안전한 화장실도 필요해요.

여성이 건강한 사회 구성원이 되려면 몸에 대해 잘 이해하고 배려해주는 것이 중요해요. 생리를 할 때 아플 수 있는데, 이런 아픔에 대해 모두가 이해하고 도와줘야 해요. 생리를 한다고 해서 차별을 받으면 안 돼요. 생리는 여자라면 누구나 겪는 자연스러운 일이니까, 우리 모두가 자연스럽게 받아들였으면 좋겠어요.

생리는 자연스러운 현상이에요

생리는 사춘기 이후 여성의 몸에서 주기적으로 일어나는 현상이에요. 대개 28일 정도의 주기로 반복되고, 사람에 따라 3~7일 정도 지속돼요. 처음 시작하는 시기는 11~16세이며, 이후 평생 400회 정도 한다고 해요. 보통 생리 주기 때 배출되는 혈액은 35ml가 평균인데, 10~80ml 정도면 정상으로 봐요. 이때 피가 빠져나가면서 빈혈이 생길 수 있고, 많은 친구들이 배가 아프기도 해요.

여자는 운전하면 안 된다고요?

사우디아라비아의 여성 운전 금지

#성차별 #여성_차별 #알_하스룰 #사우디아라비아

사건명	알 하스룰의 저항 운전
발생일	2014년 11월 30일

📍 여성은 운전할 수 없다는 법이 있어요

2014년 11월 30일, 아랍에미리트에서 알 하스룰이라는 여성이 자동차 운전석에 올랐어요. 커다란 선글라스를 쓴 그녀는 운전대를 잡으며 셀프 촬영을 위해 설치한 카메라를 향해 이렇게 말했죠. "어떻게 되는지 한번 보자"라고 말이죠. 운전면허증을 가진 그녀는 차를 몰아 사우디아라비아 국경 근처에

이르렀어요. 사우디아라비아 경찰은 그녀의 여권을 뺏고 잡아갔어요.

그녀가 무슨 잘못을 저질렀기에 이런 일을 당한 걸까요? 바로 운전을 했기 때문이에요. 사우디아라비아는 여성에게 운전면허증을 만들어주지 않아요. 여성은 운전하면 안 된다는 법이 있거든요. 여성이 운전하면 집 밖을 나가 남성들과 자주 만나게 되고 그러면 타락할지 모른다는 이유 때문이죠.

📍 여성을 보호한다는 이유로 여성의 권리를 제한하는 사우디아라비아

사우디아라비아는 세계에서 유일하게 여성의 운전을 금지한 나라였어요. 이슬람교에 근

사람에겐 누구나 자신이 원하는 곳으로 원하는 수단으로 이동할 자유가 있어요. 여성이라고 운전을 하지 못할 이유는 없어요.

거한 종교법을 이유로 여성의 사회 활동을 막는 일이 많아요. 여성이 운전할 수 없는 것은 하나의 사례에 불과했어요. 2019년 전까지 여성은 아버지나 오빠, 또는 남동생과 같은 남성 보호자의 허락이 있어야 여행을 갈 수 있었죠. 몸이 드러나면 안 되기 때문에 검은 옷으로 온몸을 꽁꽁 싸매야 밖에 나갈 수 있어요. 결혼하고 싶어도 남성 보호자의 허락을 받지 않으면 불가능하죠.

여성과 남성은 다르므로 여성을 보호하기 위해 이런 법이 있다는 거예요. 심지어 사우디아라비아는 최근에야 여성 선수가 올림픽에 참여할 수 있게 됐어요. 여성이 선거에 참여하는 것도 2015년부터 가능했어요.

당연하다고 여기는 관습에 도전했던 알 하스룰

알 하스룰은 전통적인 이슬람교를 믿는 동네에서 자랐어요. 하지만 그녀는 여자라서 못한다고 들은 많은 일에 '왜 안 될까?'라고 궁금해했어요. 남자는 되는데 여자는 안 된다는 오래된 관습을 당연하게 받아들이지 않았죠. 여동생이 복싱을 배우고 싶어 한 적이 있었는데, 부모는 여성스럽지 않다는 이유로 허락하지 않았어요. 알 하스룰은 남녀 차별 의식이 잘못되었다고 주장하며 부모를 설득했다고 해요.

사우디는 여성을 보호한다는 명목으로 남성 보호자 제도를 유지하지만, 사실 이 제도는 여성의 자기 결정권을 억압하는 대표적인 악습이에요.

알 하스룰은 남자와 여자를 다르게 대하는 사회에 맞서서, 여자들도 똑같이 존중받아야 한다고 외치기 시작했어요. 그녀는 여자들이 운전하지 못하게 하는 법에 정면으로 도전했어요. 바로 아랍에미리트에서 차를 몰고 사우디아라비아 국경을 넘은 것이죠. 결국 사우디아라비아의 경찰에 잡힌 그녀는 73일 동안 갇혀 있다 풀려났어요. 그녀의 용기 있는 도전은 유튜브를 통해 전 세계에 알려졌고, 세상 사람들은 사우디아라비아를 비판했어요.

원하는 곳을 나의 힘으로 갈 수 있는 권리는 참 소중해요

알 하스룰은 여성이 정치에 참여할 수 있게 되자 국가 자문기구 선거에 출마했어요. 선거에 후보자로 등록했지만, 투표용지에서 그녀의 이름을 찾아볼 수는 없었죠. 그녀는 남성 보호자의 허락을 받아야 여행할 수 있는 법 등도 없애기 위해 노력했어요. 모두가 당연하다 여기며 침묵하는 불의에 알 하스룰은 끊임없이 저항했어요.

결국 그녀는 감옥에 갇혀 3년 가까운 시간을 보내야 했어요. 끔찍한 고문과 성폭행 등을 당했지만 그녀는 굴복하지 않았어요. 결국, 여성 인권을 탄압하는 사우디아라비아에 대한 국제 사회의 압박이 더해지며 변화가 찾아왔어요. 사우디아라비아는 2019년 여성에게 운전면허를 만들어주고, 남성 보호자 없이도 사회 활동을 할 수 있도록 법을 바꿨어요.

여자들도 스스로 원하는 곳으로 갈 수 있어야 해요. 자유롭게 이동할 수 있는 권리는 세상을 향해 나아가는 첫걸음이니까요.

SNS 게시글 때문에 34년 형을 받은 여성

세계 시민 수업

사우디의 여성 살마 알세합은 2022년 8월 17일 사우디 법원으로부터 34년의 징역형을 선고받았어요. 알세합이 저지른 잘못은 SNS에 여성 인권 운동을 옹호하는 글을 올린 것뿐이었죠.
영국에서 유학 중이던 알세합은 방학 때 잠시 사우디에 들렀다가 영국으로 다시 돌아가던 길에 체포되었어요. 그녀는 자신의 트위터에 사우디의 남성 보호자 제도를 폐지해야 한다는 글과 알 하스룰 같은 양심수를 지지하는 글을 올렸어요. 사우디 법원은 알세합의 이런 행위가 공공질서를 해치고 범죄자를 지원하는 것이라고 밝혔어요. 이로써 사우디는 여성 인권뿐 아니라 표현의 자유마저 무모하게 처벌하는 나라임이 드러났어요.

사우디의 남성 보호자 제도

사우디의 남성 보호자 제도는 여성이 교육과 취업 같은 중대한 문제를 결정할 때 남성 보호자의 허락을 받고, 외출할 때는 남성 보호자가 동반하게 한 규정이에요. 남성 보호자는 아버지·남편·오빠 등이 맡으며, 남편을 잃은 여성의 경우 아들이 맡죠. 남성 보호자가 없으면 여성은 병원에도 갈 수 없어요. 사우디는 여성을 보호한다는 명목으로 이 제도를 유지하지만, 사실 여성의 자기 결정권을 억압하는 대표적인 악습이에요.

'달리트'라는 이유로 차별받는 사람들

달리트 여성이 당하는 성범죄

#성차별 #성폭력 #여성 폭력 #신분제 #카스트 #달리트

인도

사건명 **하트라스의 공포**
발생일 2020년 9월 14일

📍 신분이 낮은 불가촉천민 여성이 당한 성범죄를 제대로 수사하지 않았어요

2020년 9월 인도 북부의 하트라스에서 한 여성이 경찰서에 실려 왔어요. 피투성이였던 그녀는 몸에 마비가 올 정도로 심하게 다친 상태였는데요. 열아홉 살 그녀는 달리트라 불리는 불가촉천민이었어요. 그녀는 집 근처에 풀을 베러 나갔다가 이웃 마을 4명의 남성에게 성폭행을 당했어요. 그뿐만 아니라 고문에 가까울 정도의 폭행을 당해 몸 상태가 말이 아니었죠. 병원에서 치료를 받던 중 그녀는 목숨을 잃고 말았어요.

그녀를 가해한 남성들은 크샤트리아 계급으로 그녀보다 신분이 높았는데요. 경찰은 이 사건을 제대로 수사하지 않았어요. 사건을 덮으려고 가족들에게 그녀의 시신을 보여주지도 않고 화장해버렸죠. 이 사실이 널리 알려지며 불가촉천민에 대한 차별에 반대하는 시위가 전국적으로 일어났어요.

불가촉천민을 동등한 인간이라 여기지 않는 사람들

인도는 성범죄가 많이 일어나는 국가로 악명이 높아요. 특히 하트라스의 성범죄 사건처럼 불가촉천민인 달리트 여성이 피해자일 때가 많아요. 달리트 여성이 성폭행을 당하고 잔인하게 죽임을 당하는 일이 빈번하게 일어나죠. 이들은 여성이라는 이유와 함께 달리트이기 때문에 더 쉽게 범죄의 대상이 되곤 해요.

불가촉천민인 달리트는 마을 사람들과 우물을 함께 쓰지도 못할 정도로 차별을 받았어요. 오물을 치우거나 시체를 수습하는 등 사람들이 꺼리는 일을 맡으며 오랫동안 사회에서 소외되어왔어요. 경제적으로 가난하기 때문에 폭력에 시달리는 일도 많아요. 계급이 높은 남성들은 달리트 여성을 동등한 인간이라고 여기지 않아요. 함부로 해도 된다고 생각해 달리트 여성을 대상으로 한 범죄가 끊임없이 일어나요.

달리트 여성도 소중한 인간이에요

달리트 신분의 사람들은 인도의 13억 인구 중 약 2억 명이나 돼요. 법으로 폐지된 카스트 제도가 여전히 인도 사람들의 삶에 큰 영향을 미치는 이유는 종교의 영향이 커요. 인도 사람 80%가 힌두교를 믿어요. 힌두교에서는 사람의 영혼이 죽고 나면 다시 태어난다고 믿어요. 이를 '윤회'라고 해요. 예를 들어 어떤 사람이 한 번의 삶을 살다가 죽으면, 그 영혼은 다른 사람, 동물 또는 다른 생명체로 다시 태어나요. 이렇게 삶이 끝나고 다시 시작되는 과정을 반복하는 거예요. 이런 윤회는 우리가 어떤 행동을 했는지에 따라 결정된다고 해요. 좋은 일을 많이 하면 다음 생에서 더 행복한 삶을 살 수 있고, 나쁜 일을 많이 하면 어려운 삶을 살 수도 있어요. 그래서 현재 자신의 신분 계급은 전생의 삶을 어떻게 살았는지에 대한 결과라고 여겨요. 그로 인해 차별을 당연하게 받아들여요.

대규모 불가촉천민들이 힌두교에 반발해 불교로 종교를 바꾼 적도 있었어요. 하지만 힌두교는 차별을 옹호하지 않아요. 정치 지배자들이 자신들의 통치를 위해 힌두교를 이용했을 뿐이죠. 여성에 대한 차별과 성범죄는 편견 때문이에요. 편견에 맞서 달리트도 소중한 사람이라고 외치는 사람들이 늘어나고 있어요. 당당하게 자신의 권리를 외치는 이들을 외면하지 않도록 해요.

인도의 '실종된 여성들'

세계 시민 수업

2023년 7월 31일 인도 정부는 2019년부터 3년간 130만 명 이상의 성인 여성과 소녀가 실종되었다고 밝혔어요. 이는 인도 내무부의 국가범죄기록국이 집계한 통계인데요, 여기에 따르면 18세 이상 여성이 106만 1,648명, 18세 미만 소녀가 25만 1,430명 실종됐어요.

실종 이유에 대해서는 언급하지 않았는데, 성범죄 등에 연루되었을 가능성이 크다고 해요. 사태의 심각성을 깨달은 인도 정부 역시 법을 정비하고 처벌을 강화했지만, 국가 행정력이 미치지 않는 곳이 많아 범죄가 크게 줄어들지는 않고 있어요.

인도의 종교

우리나라에는 인도가 불교의 발상지로 많이 알려져 있지만, 사실 인도에서 가장 많은 사람이 믿는 종교는 힌두교예요. 인구의 80%가 힌두교를 믿고 있죠. 힌두교 다음으로는 이슬람교가 14.2%, 기독교가 2.3%, 시크교가 1.7%예요. 불교를 믿는 사람은 0.7%인데, 아주 적은 수인 것 같지만 인도 인구를 따져보면 9천만 명이 넘어요.

힌두교는 다양한 신을 인정하는 종교예요. 그래서 흔히 인도를 3억 3천만의 신이 있는 나라라고 하기도 해요. 집마다 자신들만 믿는 신이 있다고 하죠.

사원에 조각된 힌두교 신들.

수천 년간 존재해온 카스트 제도

인도에는 카스트라는 신분 제도가 있었어요. 인도를 정복한 아리안족이 원주민의 반발을 무마하며 효율적으로 통치하기 위해 만든 제도죠. 이 제도는 사람들을 태어날 때부터 일정한 계층에 속하도록 하고, 그 계층에 따라 직업, 결혼, 사회적 상호작용 등이 결정되지요. 카스트 제도에는 4개의 계급이 있어요. 지금은 법적으로 폐지된 지 70년이 다 되어가지만 여전히 인도 사회에서 힘이 세요. 특히 불가촉천민에 대한 차별과 멸시는 계속되고 있어요.

브라만   가장 높은 신분은 성직자 계급이에요.
크샤트리아   두 번째는 귀족과 군인 계급이에요.
바이샤   세 번째는 평민 계급이에요. 농업, 공업, 상업 등에 종사해요.
수드라   마지막은 노예 계급이에요.
불가촉천민   그런데 인도에는 이 4개의 계급에 포함되지 않는 더 낮은 신분이 있는데, 이들이 바로 달리트(=찬달라, 하리잔)예요. 닿으면 오염이 될 정도로 더러운 사람이라 여겨 접촉하면 안 된다는 뜻의 불가촉천민이라고 하죠.

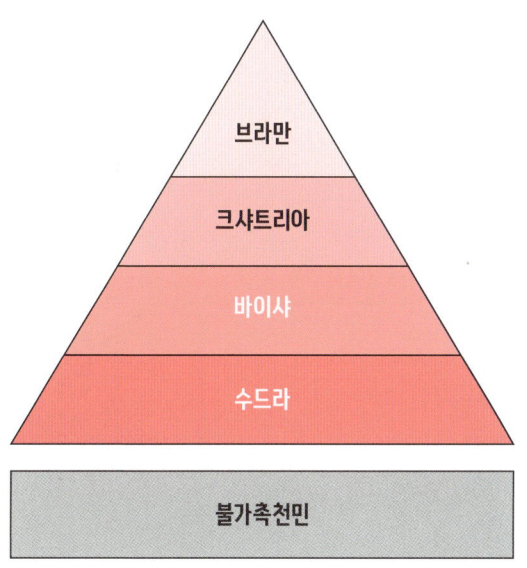

세상에는 부자와 가난한 사람의 차이가 있어요. 모든 사람이 다 똑같이 잘사는 것은 불가능하지만 그 차이가 극단적으로 벌어지고 있어 큰 문제예요. 우리가 살고 있는 21세기의 세계는 사실상 지구 전체가 연결되어 있어요. 나의 선택이 지구 반대편 다른 사람의 삶에도 영향을 미칠 수 있죠. 우리의 소비가 세상에 어떤 영향을 미치는지를 생각해보고, 빈곤을 없애고 모든 인류가 행복한 삶을 살기 위해 서로 도와가며 함께 노력해요.

4부

경제

착한 소비,
나쁜 소비가 있다고요?

공정 무역

#공정_무역 #다국적_기업 #로치데일_협동조합
#경제_불평등 #윤리적_소비

사건명: 세계 최초 소비자 협동조합 '로치데일조합' 설립
발생일: 1844년 12월 21일

가격보다 공정한 거래를 먼저 따지는 소비자가 등장했어요

우리는 달콤한 초콜릿을 아주 좋아해요. 부모님은 커피를 마시며 행복을 느끼기도 하죠. 초콜릿을 살 때 어떤 것들을 따져가며 사나요? 주로 브랜드, 맛, 포장 디자인, 크기 등을 고민해요. 그중에서도 가격이 얼마인지 보고 살지 말지를 결정할 때가 많아요.

그런데 어떤 사람들은 이런 것보다 더 중요하게 여기는 것이 있다고 해요. 바로 공정 무역 제품인지를 살펴보는 거예요. 공정하게 생산되고 거래된 제품에는 공정 무역 마크가 붙어 있어요. 돈을 주고 물건을 사서 쓰는 행위를 소비라고 해요. 물건을 사는 우리는 소비자가 되는 데요. 공정 무역 제품을 구입하는 사람들은 단지 자기만을 위한 소비를 하지 않아요. 그들은 자신의 소비가 세상에 좋은 영향을 미칠 수 있다고 믿어요.

공정하지 못한 무역으로 빈곤이 계속돼요

우리가 많이 사 먹는 초콜릿, 커피, 설탕, 바나나 같은 농작물은 우리나라에서 생산되지 않아요. 하지만 국제 무역이 발달하면서 우리는 더 쉽게, 더 싸게 제품을 살 수 있게 되었어요. 이 제품들을 판매하는 다국적 기업은 더 많은 돈을 벌고 싶어 하고, 소비자들은 가격이 저렴한 제품을 원하죠.

커피를 파는 기업을 살펴볼까요? 기업으로서 커피를 싸게 시장에 내놓으면 더 잘 팔리겠죠. 커피를 생산하는 비용을 줄이면 커피를 싸게 팔 수 있어요. 그래서 기업들은 농부에게 아주 적은 돈을 주고 일을 시켜요. 또는 농부가 생산한 커피콩을 아주 낮은 가격으로 사들여요. 어린이를 고용해 일을 시키는 기업이 많은 것도 이런 이유 때문이에요. 농부는 억울하지만, 커피콩을 팔 수밖에 없어요. 커피콩을 사 가는 커피 회사가 몇 군데 없으므로 농부는 그렇게라도 팔지 않을 수 없거든요.

공정 무역으로 착한 소비를 할 수 있어요

빈곤과 불평등을 해결하기 위해 등장한 무역을 공정 무역이라고 해요. 공정 무역은 개발 도상국의 농부와 노동자에게 정당한 대가를 주는 것이 핵심이에요. 아동 노동을 금지하고, 여성의 권리를 보호하며 생산하는 제품이에요. 성인 노동자에게 일한 만큼 정당한 대가를

공정 무역 커피는 커피 생산자의 노동 환경을 개선하고 그들에게 정당한 몫을 줘요.

공정 무역과 윤리적 소비는 생산자와 소비자뿐 아니라 지구 환경에도 도움이 되는 경제 방식이에요.

주기 때문에, 어린이가 일을 해야 하는 상황을 만들지 않아요. 농약 사용을 금지해 환경을 보호하며 건강한 농산물을 생산하는 것도 공정 무역의 역할이에요.

공정 무역으로 농산물을 사들이는 기업은 그 마을에 장려금도 제공해요. 이 돈으로 학교와 병원을 짓고, 도로나 다리 등을 만들어 사람들이 빈곤에서 벗어날 수 있도록 돕죠. 공정 무역은 물건을 만드는 사람과 소비하는 사람, 그리고 지구 환경 모두에게 좋은 무역이에요. 공정 무역 제품을 사는 것은 더 좋은 세상을 만드는 소비 방식이라서 '착한 소비' 또는 '윤리적 소비'라고 불려요.

로치데일 협동조합의 설립과 성과

세계 시민 수업

1844년 영국 맨체스터 북부 로치데일의 방직 노동자 28명이 모였어요. 당시 로치데일은 영국에서 열 번째로 낙후된 지역이었죠. 이 노동자들은 일주일에 2펜스씩 1년 동안 1파운드를 모아 일주일에 세 차례 밤에만 개장하는 점포를 열었어요.

이들은 조합원들의 공동 운영, 정량 정품의 물품 판매, 외상 배제와 현금 이용, 출자 배당 제한, 남녀 평등과 1인 1표제, 조합원 교육, 정확한 회계 기록과 정보 공개 등 기존에 볼 수 없던 방식으로 사업체를 운영했어요. 처음에는 간단한 생필품 5가지만 판매했던 로치데일 협동조합은 현재 12억 인구가 참여하는 세계 최대의 조직이 되었어요.

다국적 기업의 횡포

전 세계 커피 무역량의 70%를 5개의 기업이 차지하고 있어요. 이런 구조 때문에 아프리카 에티오피아 농부가 커피 농사를 지어 1년에 버는 돈은 고작 7만 2천 원 정도라고 해요. 우리 부모님이 커피 한 잔을 살 때 5천 원을 낸다면 커피콩을 생산한 농부는 25원을 받는 거래인 셈이에요. 정말로 공정하지 못한 무역이에요. 이런 무역으로 인해 아프리카와 아시아의 여러 개발 도상국은 빈곤에서 벗어나지 못하고 있어요.

우리는 99%다!
1%를 위한 사회를 바꾸려는 사람들

#빈부_격차 #경제_불평등 #월가를_점령하라
#우리는_99%다 #아랍의_봄

사건명 **월가 점거 시위**
발생일 2011년 9월 17일

📍 '월가를 점령하라' 시위의 시작

2011년 9월 캐나다의 한 시민 단체가 만드는 〈애드버스터스〉라는 잡지에 '월가를 점거하라(Occupy Wall Street)'라는 제목의 글이 실렸어요. 전 세계는 미국에서 시작된 금융 위기로 큰 고통을 받고 있었는데요. 많은 금융 회사가 무너지면 경제에 큰 문제가 생길 수 있었어요. 그래서 미국 정부는 국민의 세

금으로 금융 회사를 도와주었어요. 하지만 큰 금융 회사의 최고경영자들은 퇴직금과 월급으로 엄청나게 많은 돈을 챙겼어요. 회사가 어려워졌는데도, 자기들만의 이익을 먼저 챙긴 거예요.

'월가를 점거하라'라는 글은 1%의 미국 최상위 계층을 비판하기 위해 시위를 하자는 내용이었어요. 이들의 무책임하고 이기적인 행동과 잘못된 경제 구조를 그대로 두지 말자는 거였죠. 2011년 9월 17일 천 명가량의 사람이 미국 뉴욕의 월가에 모여 시위를 시작했어요.

📍 1%의 소수가 50%의 이익을 차지하는 잘못된 현실을 비판했어요

'시위'란 여러 사람이 특정 목적을 위해 도로나 광장 등 자유로운 장소에서 의견을 드러

"우리는 1%의 최상위 부자에 저항하는 99%의 사람들이다." 1%의 최고 부자들이 전체 이익의 50%를 차지하는 상황을 바로잡기 위해 사람들은 거리로 나섰어요.

내는 행위예요. 월가에 모인 사람들은 피켓을 들고 외쳤어요. 1%의 최고 부자들이 전체 경제 이익의 50%를 차지하는 상황은 정의롭지 못하다고요. 1% 최상위 계층을 위한 세상은 잘못되었다고 소리를 높였죠.

사람들이 시위 장소로 월가를 선택한 이유는 이곳이 세계 경제의 심장과 같은 곳이기 때문이에요. 월(Wall)이라는 이름이 붙은 이 거리(Street)는 미국 뉴욕에 위치한 세계 금융의 중심지이고 미국 경제의 상징이었죠. 세계 금융을 주무르는 큰 회사들이 이 월가에 모여 있어요. 시위를 위해 텐트를 치고 노숙을 하는 이들이 점차 늘어났어요. 이들의 주장에 공감하는 사람들은 SNS 등으로 시위의 중요성을 전 세계에 알렸어요.

혼자가 아니라 다 함께 거리로 나서며 용기를 배웠어요

월가 점령 운동은 전 세계 사람들에게 자신의 목소리를 내게 했어요. 이 시위는 1,500여 개 도시로 퍼져 나가며 반년 이상 이어졌어요. 각 나라의 사람들은 거리로 나서서 주장했어요. "우리는 1%의 최상위 부자에 저항하는 99%의 사람들이다." 각 나라의 사람들은 빈부 격차, 일자리 부족, 부패한 정치 등 여러 사회적 고통을 함께 해결하자고 외쳤어요.

이집트의 광장에서 시작된 '아랍의 봄'은 독재 정치를 없애자는 목소리였어요. 이 움직임은 월가 점령 운동으로 이어져, 시민들에게 잘못된 것을 참지 말고 행동하자는 용기를 주었어요. 사람들은 거리에 나서서 잘못된 점을 외치며, 혼자서는 어렵지만 함께라면 할 수 있다는 자신감을 느끼게 되었어요.

빈부 격차는 미국뿐 아니라 전 세계에서 커다란 문제로 등장하고 있어요.

한 사람이 아닌 다수의 시민이 역사를 바꿀 수 있어요 — 세계 시민 수업

뉴욕 월가에서 시작된 점거 운동은 전 세계 사람들의 저항 운동이 되었죠. 이들은 과거 사회 운동과 달리 능력 있는 지도자를 따르는 방식으로 시위를 하지 않았어요. 인터넷과 SNS를 통해 자발적으로 참여했죠. 시위에 공감했으며, 공유하는 과정을 통해 누구나 참여할 수 있는 열린 시위였어요. 평등하고 평화롭게 이루어졌기 때문에 민주주의가 직접 표현되었다고 할 수 있어요.
미국의 시사 잡지인 〈타임〉은 2011년 올해의 인물로 특정 한 사람이 아닌 '시위자들(The Protester)'을 뽑았어요. 역사를 바꾸는 것은 위대한 한 사람이 아닌, 자발적 다수라는 점에서 시민의 힘을 보여주었어요. 세상을 바꾸는 노력에 우리도 힘을 보태보아요.

아랍의 봄

2010년 12월 중동과 아프리카 북부 지역에서는 전에 볼 수 없던 규모의 반정부 시위가 일어났어요. 이 시위는 튀니지의 경찰 부패에 항의하기 위해 처음 일어났고, 이후 요르단, 이집트, 예멘 등 다른 나라로 퍼져 나갔어요. 이들은 아랍 지역 국가들의 독재와 인권 침해, 정부의 부패, 경제 침체 등을 비판했어요. 이후 튀니지, 이집트, 예멘, 리비아에서는 시위가 혁명으로 이어졌고, 레바논, 요르단, 오만, 바레인, 쿠웨이트, 모로코 등에서는 장관이 교체되는 등 커다란 변화가 일어났어요.

여행하는 사람만 행복하면 되나요?

지속 가능한 여행

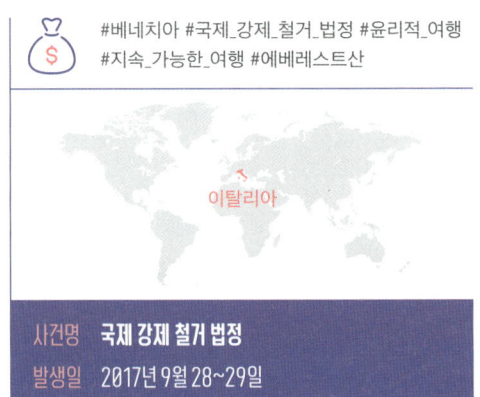

#베네치아 #국제_강제_철거_법정 #윤리적_여행
#지속_가능한_여행 #에베레스트산

이탈리아

사건명 **국제 강제 철거 법정**
발생일 2017년 9월 28~29일

'관광 개발'이 사람들의 삶을 파괴했다는 이유로 법정에 세워졌어요

이탈리아는 세계적인 관광지예요. 특히 베네치아는 전 세계인이 사랑하는 여행지죠. 이곳에서 국제 민중 재판이 열렸어요. '국제 강제 철거 법정'이라는 이름의 재판이에요. 실제로 법적 처벌을 하는 재판은 아니지만, 세상을 향해 진실을 외치는 법정이죠. 죄를 지어 이 법정에서 재판을 받는 대상은 사람이 아닌 '관광 개발'이었어요.

베네치아

많은 나라가 큰돈을 들여 곳곳에 관광지를 만들어요. 산과 바닷가, 오래된 유적지에 호텔과 리조트를 짓고, 술집과 식당, 카페도 생겨나요. 농사를 지으며 소박하게 살던 사람들의 집과 땅은 으리으리한 호텔로 바뀌죠. 이러한 관광 개발로 자신의 터전에서 밀려나는 사람들이 늘어나고 있어요. 실제 베네치아 인구는 60년 만에 3분의 1 이하로 줄었어요. 국제 강제 철거 법정은 관광 개발이 현지인들의 삶을 파괴한 죄를 저질렀다고 고발했어요.

관광 산업은 매년 성장하는데, 현지 주민의 삶은 그렇지가 못해요

관광 산업은 큰돈을 벌어들이는 분야예요. 각 나라는 관광 정책을 통해 여행자들에게 편안하고 즐거운 서비스를 제공하기 위한 장소를 만들려고 애써요. 아름다운 해안에 지어진 멋진 호텔은 낭만적이에요. 하지만 그 지역의 해안이 호텔 손님들을 위한 장소로 바뀌면서, 현지 사람들은 더 이상 그곳에 놀러 갈 수 없게 돼요. 관광지의 주인은 그곳에서 태어나고 자란 사람들이 아니라 잠시 머무는 여행자가 되는 거예요.

관광 산업은 끊임없이 성장하는데, 관광지에 사는 주민들의 삶은 크게 나아지지 않아요. 여행자들이 쓰는 돈이 관광 개발에 투자한 선진국들의 이익으로 돌아가기 때문이에요. 선진국의 돈으로 세워진 호텔에서 현지인들은 노동자가 되어 일할 뿐이죠. 호텔의 깨끗한 침구를 위해 현지 사람들은 더운 날씨에 온종일 다림질해요. 여행자들이 현지의 문화와 종교적 관습을 무시하는 행동을 할 때, 그로 인해 상처를 받는 현지 사람들도 있어요.

지속 가능한 여행으로 여행자와 현지 주민 모두가 행복할 수 있어요

여행자만 즐거운 여행은 여행지 주민들에게는 공정하지 못해요. 현지의 환경을 해치지

이탈리아의 베네치아는 수많은 관광객으로 몸살을 앓고 있어요.

4부 | 경제 113

비행기 여행은 다른 여행보다 훨씬 많은 이산화탄소를 배출해요.

않으면서 주민의 삶과 문화를 존중하는 여행이 필요해요. 이런 여행을 공정 여행이라고 해요. 지역의 주민들과 여행객이 함께 누릴 수 있는 '지속 가능한 여행'을 의미하죠. 필리핀의 보라카이는 세계적인 관광지가 되면서 환경 파괴가 심해졌어요. 그래서 6개월 동안 여행자의 방문을 막은 적도 있어요.

지속 가능한 여행을 하는 여행자들은 현지 주민이 운영하는 숙소를 이용해요. 지역 주민이 동네를 떠나지 않으면서 경제적 이익을 얻을 수 있게 되죠. 여행지의 문화와 역사, 종교를 존중하고, 현지 주민의 식당을 이용하는 것도 좋겠죠. 일회용품 사용을 줄이고 쓰레기를 덜 배출하는 것도 오래오래 그곳을 여행하는 방법이에요. 소비하고 즐기는 데 그치지 않고 더 나은 세상을 만드는 여행자가 되어보아요.

동물들은 관광객이 무서워요

세계 시민 수업

많은 사람이 여행지에 가서 동물 체험 코스를 즐기곤 해요. 동물원 구경부터 동물이 끄는 수레를 타는 우마차 체험, 차를 타고 야생 동물을 구경하는 사파리, 코끼리 등에 타서 여행하는 트레킹 체험 등도 있죠. 하지만 이런 동물 체험은 동물 학대의 위험이 있어요. 동물원의 동물들은 아주 좁은 공간에 갇힌 채 영양 부족과 정신적 질환에 시달리고요, 코끼리들은 채찍질을 당하면서 제대로 먹거나 쉬지도 못한 채 관광객들을 태우고 다니죠. 사파리는 구경만 하기 때문에 괜찮다고 하지만 조용한 밀림에 큰 소리로 자동차들이 무리 지어 다니면 동물들이 먹이 활동을 제대로 하지 못하거나 위험한 상황에 처하기도 해요. 사람의 즐거움만큼 동물의 권리도 중요해요.

쓰레기에 시달리는 에베레스트산

세계에서 가장 높은 산 에베레스트는 등산 인구가 늘고 등산 장비가 발달하면서 수많은 등반가가 찾았어요. 그러면서 쓰레기 문제가 심각해졌죠. 네팔 정부는 에베레스트산에서 수거한 쓰레기가 2019년엔 11톤, 2020년엔 27.6톤이고, 2022년에는 5~6월 두 달 동안 무려 33톤의 쓰레기를 치웠다고 발표했어요. 네팔 정부는 방문객에게 보증금 4천 달러(약 528만 원)를 내도록 하고 약 8킬로그램의 쓰레기를 가져오면 이를 돌려주는 제도를 시행하고 있어요.

아보카도 요리를 팔지 않겠다고요?

아보카도를 먹지 말자는 사람들

#아보카도 #윤리적_소비 #공정_무역
#마약_카르텔

사건명: **영국 식당의 아보카도 퇴출 보도**
발생일: 2018년 12월 10일

영국의 유명 식당에서 아보카도 요리를 팔지 않겠다고 선언했어요

건강과 다이어트에 좋은 아보카도는 전 세계적으로 인기가 많은 과일이에요. 세상에서 가장 영양가 높은 과일로 기네스북에 오를 정도였죠. 하지만 영국의 여러 식당에서 아보카도 요리를 더는 팔지 않기로 했다고 해요. 영국 신문 〈가디언〉은 이 소식을 전하며 아보카도를 '피의 아보카도'라 불렀어요. 아보카도가 미국과 영국 등 선진국의 식탁에 오르는 과정에 수많은 농민이 피를 흘리고 있다고 보도했어요. 마약 밀매 조직과 같은 범죄 집단이 아보카도 생산으로 돈을 벌고 있다고도 했죠.

아보카도는 '초록의 금'이라는 별명과 반대로 '피의 아보카도'라는 별명도 있어요.

미초아칸주

마약 밀매 조직의 손아귀에 들어간 아보카도 농장

전 세계에서 팔리는 아보카도의 70%는 멕시코에서 생산되고 있어요. 아보카도가 엄청나게 인기를 끌면서, 멕시코 농민들은 이전보다 10배나 더 많은 돈을 벌게 되었어요. 아보카도가 '초록의 금'이라고 불릴 정도였으니까요. 멕시코에서 아보카도를 주로 생산하는 지역은 미초아칸주예요.

그런데 농민들이 아보카도로 큰돈을 벌게 되자 멕시코의 마약 밀매 조직이 아보카도에 눈독을 들이기 시작했어요. 멕시코의 악명 높은 마약 밀매 조직들은 농민들에게 돈을 달라고 요구했어요. 돈을 주지 않으면 농민을 죽이겠다고 협박을 하거나 농장에 불을 지르기도 했죠. 농민들을 납치하거나 아보카도 농장 자체를 빼앗기까지 하니 농민들은 도저히 견딜 수가 없었어요.

국가에 기댈 수 없는 농민들은 총을 들 수밖에 없었어요

마약 밀매 조직의 위협에 피해를 보던 농민들은 더는 참을 수가 없었어요. 그들은 '자경단'이라는 조직을 만들어 총을 들고 자신들을 지키기로 했어요. 경찰과 국가가 자신들의 생명과 재산을 보호해주지 못한다는 것을 알게 되었기 때문이에요. 농민들은 기댈 곳이 없다는 생각에 총을 들고 농장을 돌며 마약 밀매 조직과 전쟁을 벌이고 있어요.

무능력한 국가는 농민을 보호해주지 못하고 오히려 심각한 부정부패를 일삼아요. 이 지

멕시코 경찰이 압수한 마약
멕시코 마약 조직은 경찰이나 군대와 싸울 만큼 강하게 세력을 키웠어요. 멕시코 농민들은 목숨의 위협을 받지 않고 평화롭게 농사지을 수 있는 날을 기다리고 있어요.

역의 정치인과 경찰이 범죄 조직과 한 편이 되는 예도 있으니까요. 농사를 지어야 할 농민이 총을 들면서 목숨을 잃는 사람들이 늘어났어요. 아보카도가 '피의 아보카도'라 불리게 된 이유예요. 멕시코 농민들은 목숨의 위협을 받지 않고 평화롭게 농사지을 수 있는 날을 기다리고 있어요. 아보카도를 사 먹지 않는 것이 해결책이 될 수는 없겠지만, 우리의 소비가 세상에 어떤 영향을 미치는지를 한번쯤 생각해보면 좋겠어요.

자경단은 합법일까요?

세계 시민 수업

국가의 치안 유지 능력이 부족해 범죄가 자주 일어나고 또 그것을 제대로 처벌하지 못할 때 그 지역에 사는 사람들은 불안에 떨 수밖에 없어요. 이때 주민들이 직접 나서서 지역의 질서를 유지하고 범죄를 예방하며 치안을 유지하기도 하죠. 이렇게 자발적으로 조직된 단체를 자경단이라고 불러요. 이들은 경찰을 보조하거나 경찰 대신 주민을 돕긴 하지만, 종종 법의 테두리 바깥에서 활동하기도 해요. 국가가 아닌 자경단의 사적 제재는 현행법상 범죄에 해당할 수 있어요.

소비는 사회적 활동이에요

현대 사회에서 자신이 먹을 모든 음식, 사용하는 물품을 직접 재배하거나 만드는 사람은 없어요. 물건을 사고 서비스를 이용하는 것을 소비라고 해요. 우리는 소비 없이 살아갈 수 없죠. 간단한 물건 하나를 소비하려고 해도 거기에는 생산과 가공, 유통 등 여러 단계의 작업이 들어가요. 더러는 그 모든 과정이 세계 곳곳에서 일어나기도 하죠. 그러는 도중에 우리도 모르게 생산자가 부당한 대우를 받는 제품을 구매하기도 하고, 노동자에게 제 몫을 주지 않는 회사의 서비스를 이용하기도 하죠. 소비는 나를 위한 개인적인 행위지만, 동시에 세상과 연결되어 있는 사회적 행위이기도 해요.

50원 때문에 시위를 한다고요?

칠레의 빈부 격차

#양극화 #빈부_격차 #신자유주의 #민영화 #OECD

사건명 칠레 시위
발생일 2019년 10월 14일

📍 50원 때문에 국민이 시위했어요

세바스티안 피녜라 대통령이 이끄는 칠레 정부는 2019년 지하철 요금을 올리겠다고 발표했어요. 800페소에서 830페소로 30페소를 올린다는 거였죠. 칠레 화폐 단위는 페소인데, 30페소는 우리 돈으로 50원에 해당해요. 이 발표가 나자 칠레 시민들은 격렬하게 정부를 비판하며 거리로 쏟아져 나왔어요. 시민들은 화가 나서 지하철역에 불을 지르기도 했죠. 경찰은 사람들에게 총을 쏘며 시위를 진압했고, 그 와중에 목숨을 잃는 사람도 생겨났어요. 시위는 더욱 거세어져 100만 명이 넘는 시민이 시위에 참여하며 대통령에게 물러나라고 외쳤어요. 시위는 4개월가량 이어졌으며, 30명 넘는 사람들이 죽고 수백 명이 다쳤죠.

📍 국가가 잘살게 되어도 여전히 가난한 국민은 분노했어요

칠레는 남아메리카 대륙에서 잘사는 나라에 속해요. 전 세계 국가 중 잘사는 나라들의 모임이라 할 수 있는 경제 협력 개발 기구에도 남아메리카 대륙에서 가장 먼저 가입했죠. 이런 칠레에서 전쟁터를 연상시킬 정도의 시위가 발생한 이유는 단순히 50원 때문이 아니었어요. 우리 돈으로 50원이 인상된 830페소의 교통 요금으로 출퇴근을 하면 한 달에 5만 4천 원 정도가 들어요. 그런데 칠레 사람들의 평균 월급은 85만 원 정도예요. 85만 원에서 5만 원 이상을 교통비로 쓴다는 건 너무 큰돈이죠.

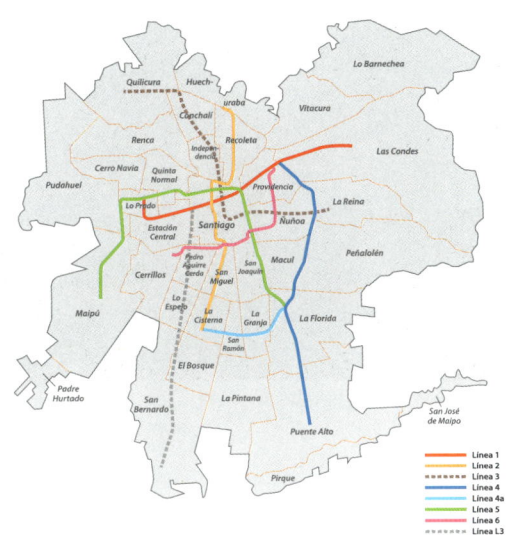

산티아고 메트로 맵. 지하철 요금 인상은 양극화와 빈부 격차에 시달리는 칠레 국민의 마지막 인내심을 폭발시켰어요.

　칠레는 한때 OECD에 가입할 정도로 국가가 부유했지만, 그 돈은 모조리 지배 계층에게 돌아갔어요. 그런데 지배 계층이 가난한 국민 대다수에게 더 많은 돈을 내놓으라고 하니 화가 날 수밖에 없었죠.

　빈부 격차가 심해 최고와 최저로 나뉘는 현상을 양극화라고 해요. 칠레에서 부의 **양극화**가 심각해진 이유는 누구에게나 꼭 필요한 분야를 정부에서 운영하지 않았기 때문이에요. 전기, 가스, 병원 치료, 교육 등은 모든 국민에게 고르게 제공되어야 해요. 그래서 이익을 추구하기보다는 공정하게 제공하는 것이 중요하죠. 하지만 칠레는 신자유주의 정책을 채택해 국가가 아닌 기업들이 이 서비스를 운영하게 되면서 가격이 비싸졌어요. 그로 인해 국민의 45%가 빈곤층에 속할 정도로 삶이 어려워졌어요.

국민은 평등 정책을 펼칠 젊은 대통령 보리치를 선택했어요

　칠레의 빈부 격차는 소득이 불평등한 데서 비롯됐어요. 버는 돈의 차이가 크게 나는 거죠. 그 이유는 근본적으로 눈에 보이지 않는 계급이 있기 때문이에요. 칠레에는 백인이 최상위 계층이에요. 원주민, 아프리카 흑인, 그리고 이들 사이에 태어난 사람들이 낮은 계급으로 최

안데스산맥과 프로비덴시아 지구의 건물들을 배경으로 한 산티아고 모습.

상위 계층의 지배를 받는 등 사회적 불평등이 심각해요. 지배 계급은 칠레가 스페인의 식민 지배를 받던 시절 소유한 땅이나 회사 등을 물려받았어요. 그래서 지배 계급은 국민 대다수가 겪는 고통을 이해하지 못해요. 국민에게 50원이 얼마나 큰 의미인지 알지 못하는 거죠.

칠레 시위는 국민의 고통을 명확하게 드러낸 사건이에요. 이후 선거에서 칠레 국민은 평등 정책을 주장한 35세의 가브리엘 보리치(1986~)를 대통령(2022년 3월 취임)으로 뽑았어요. 힘든 빈부 격차와 불평등을 없애고 싶은 칠레 국민의 염원이 반영된 결과라고 볼 수 있어요.

숫자로 보는 칠레의 빈부 격차 *세계 시민 수업*

유엔 보고서에 따르면 2017년 칠레 상위 1%의 부자가 차지하는 전체 국가 재산이 26.5%나 된다고 해요. 하위 50%는 겨우 2.1%의 재산을 가진 것에 불과했죠. 전체 국민을 100명으로 놓고, 빵 100개가 있다고 예를 들어볼게요. 칠레는 1명이 26개의 빵을 먹고, 50명이 2개의 빵을 나누어 먹어야 하는 상황인 거예요. 빈부 격차가 얼마나 심각한지 알 수 있겠죠.

 OECD

OECD(Organization for Economic Cooperation and Development)는 경제 협력 개발 기구의 약자로, 경제 성장, 개발 도상국 원조, 무역의 확대 등을 목적으로 1948년에 창설된 세계적인 국제 기구예요. 비교적 잘사는 나라들이 모여서 경제 정책의 조정, 무역 문제의 검토, 산업 정책의 검토, 환경 문제, 개발 도상국의 원조 문제 등을 논의해요. 우리나라도 경제 규모가 커지면서 1996년에 OECD의 회원국이 되었죠. 현재 38개 나라가 회원으로 가입되어 있어요.

스마트폰이 사람을 죽인다고요?

스마트폰 원료가 불러온 저주

#스마트폰 #희토류 #노예_노동 #아동_노동 #아동_학대 #콩고_민주_공화국 #콩고_공화국 #콜탄 #탄탈룸 #코발트

콩고 민주 공화국

사건명	국제권리변호사회의 스마트폰 생산 기업 고소
발생일	2019년 12월 15일

스마트폰을 자주 바꾸면 콩고 민주 공화국 사람들이 죽어간다고요?

우리는 스마트폰으로 일상의 많은 문제를 해결해요. 스마트폰 없이 하루도 살아가기 어려울 정도죠. 전 세계 인구의 절반 이상이 스마트폰을 가지고 있어요. 매년 더 좋아진 기능을 가진 스마트폰이 새롭게 나오고 있어요. 스마트폰을 바꾸는 교체 시기도 3년이 채 되지 않죠. 그런데 스마트폰을 자주 바꾸면 콩고 민주 공화국의 사람들이 죽게 된다고 해요. 국제권리변호사회는 스마트폰을 만드는 세계적인 기업을 고소하기도 했어요. 이 기업이 만드는 스마트폰 때문에 많은 어린이가 죽거나 다쳤다고 해요. 어린이들이 위험에 처한 것을 알면서 아무것도 하지 않은 것은 큰 잘못이라는 거예요.

아프리카 중서부에는 콩고라는 이름을 쓰는 두 나라가 있어요. 콩고강을 사이에 두고 동쪽은 콩고 민주 공화국, 서쪽은 콩고 공화국이죠. 이 나라들은 1390년부터 1862년까지 존재한 콩고왕국이 갈라진 거예요. 콩고강 동쪽은 벨기에, 서쪽은 프랑스가 식민지로 점령했죠.

콩코 민주 공화국 민주 콩고라고도 부르는데, 1960년 자이르라는 국호로 벨기에로부터 독립했고, 1997년에 콩고 민주 공화국으로 바꾸었어요.

콩고 공화국 1960년 프랑스로부터 독립해 콩고 인민 공화국을 거쳐 1992년에 콩고 공화국으로 확정했어요.

스마트폰 원료를 차지하기 위해 전쟁이 벌어져요

콩고 민주 공화국 사람들과 어린이는 스마트폰에 들어가는 원료 때문에 죽어가요. 이 원료를 생산하기 위해 아동 노동을 이용하거나 노예처럼 일을 시키기 때문이에요. 또 원료가 묻힌 광산을 차지하기 위해 죽고 죽이는 전쟁이 계속되고 있어요. 스마트폰에는 콜탄과 코발트, 금 등이 원료로 들어가요.

아프리카의 콩고 민주 공화국은 특히 콜탄과 코발트 같은 광물 자원이 많이 묻혀 있어요. 콜탄의 경우 전 세계 매장량의 80%가 콩고 민주 공화국의 땅속에 있어요. 코발트도 60%가 콩고 민주 공화국에서 나와요. 그런데 스마트폰의 생산량이 늘어나면서 콜탄이나 코발트의 가격이 비싸졌어요. 콩고 민주 공화국은 종족과 정치적 갈등으로 수십 년간 전쟁이 일어났어요. 이 콜탄과 같은 자원이 큰돈이 된다는 사실이 알려지며 전쟁이 더 심각해졌죠.

눈물과 죽음의 대가로 생산되는 분쟁 광물이 늘어나고 있어요

콩고 민주 공화국의 많은 지역에 광산이 있어요. 광산의 땅속을 파고 들어가서 콜탄과 같은 자원을 캐내요. 좁고 어두운 땅속에서 하루 12시간 이상 맨손으로 바위를 깨는 아이들도 있어요. 열 살도 되지 않은 아이들이 컴컴한 어둠 속에서 총을 든 어른의 감시를 받으며 노예처럼 일해요. 광산이 무너져 일하는 사람들이 죽는 일도 종종 일어나요. 광산을 차지하기 위한 정부군과 반군의 싸움이 점점 더 격렬해지고 있어요. 이 콜탄을 팔아 무기를 사서 더 많은 사람을 죽이는 일이 반복되고 있어요. 콜탄처럼 사람을 죽이면서까지 생산되는 지하자원을 '분쟁 광물'이라고 해요.

왼쪽부터 콜탄, 탄탈룸, 코발트. 스마트폰에 들어가는 희토류 금속은 콩고 민주 공화국 사람들의 삶을 파괴하기도 해요.

우리 생활에 없어서는 안 될 스마트폰 뒤에는 비극적인 사회 문제가 숨어 있어요.

과학 기술이 발달하며 우리는 스마트폰으로 손가락 몇 번만 터치하면 많은 일을 할 수 있어요. 스마트폰으로 생활이 편리해지고 즐거움을 누리지만, 지구 반대편에는 이 스마트폰 때문에 피를 흘리며 죽어가는 사람들이 있어요. 우리가 새로운 스마트폰을 살 때마다 그로 인해 고통받고 신음하는 사람들이 더 많아질 수 있다는 점을 생각해보면 좋겠어요.

탄탈룸, 스마트폰에 필요한 0.02g

콜탄을 가공하면 스마트폰에 들어가는 탄탈룸이라는 희토류 금속을 뽑아낼 수 있어요. 탄탈룸은 스마트폰 한 대마다 0.02g의 아주 적은 양이 들어가요. 하지만 이 탄탈룸이 없으면 스마트폰이 제 기능을 하지 못해요. 탄탈룸은 노트북과 병원에서 사용하는 의료 장비에도 꼭 필요한 원료예요.

먹을 것이 없어 굶주리는 게 아니라고요?

기아 문제

#기아_문제 #굶주림 #식량 문제
#유엔_세계_식량_계획 #WFP

아프리카

사건명 **세계 식량의 날**
발생일 매년 10월 6일

📍 인간의 생명을 빼앗는 기아 문제

우리에게는 '음식물 쓰레기'라는 말이 낯설지 않아요. 먹고 남은 음식이나 유통기한이 지나 버리게 되는 음식들을 말하죠. 학교 급식실에서도 친구들이 남긴 음식물 쓰레기가 수북이 쌓여 넘칠 지경이에요. 그런데 지구 반대편 아프리카에서는 먹을 음식이 없어 힘들어하는 사람들이 있어요. 몇 날 며칠을 굶으며 갈비뼈가 앙상하게 드러난 아이가 기운 없이 앉아 있는 모습을 본 적이 있을 거예요. 어린이들은 먹지 못하면 제대로 자라지 못해요. 그러다 병에 걸리거나 몸의 기능이 망가지며 죽을 수도 있어요.

<u>빈곤</u>은 가난으로 삶에 필요한 자원이 부족한 상태를 말해요. 기아는 오랜 시간 먹을 식량이 없어 굶주리다 죽게 되는 것을 말하죠. 두 단어가 비슷하지만, 기아가 더 심각해요. 빈곤이 고통을 견디는 일이라면 기아는 인간이 생명을 잃게 되는 것이니까요. 이제는 한 나라만으로는 세상의 많은 문제를 해결할 수 없어요. 여러 나라가 함께 힘을 합쳐야 해요. 첫 번째 목표는 빈곤을 해결하는 것이고, 두 번째 목표는 기아를 없애는 거예요.

📍 1분에 11명이 굶어 죽을 정도로 기아 문제가 심각해요

유엔 세계 식량 계획(WFP)에 따르면 굶주림에 고통받는 나라들은 아프리카에 집중되어 있어요. 콩고 민주 공화국, 중앙아프리카 공화국, 르완다, 소말리아 등이 여기에 해당해요. 그리고 서아시아의 예멘과 이라크에도 기아 인구가 많아요. 우리와 같은 민족인 북한도 기아가 심각한 상태예요. 소말리아는 5명 중 3명꼴로 영양 결핍이라고 해요.

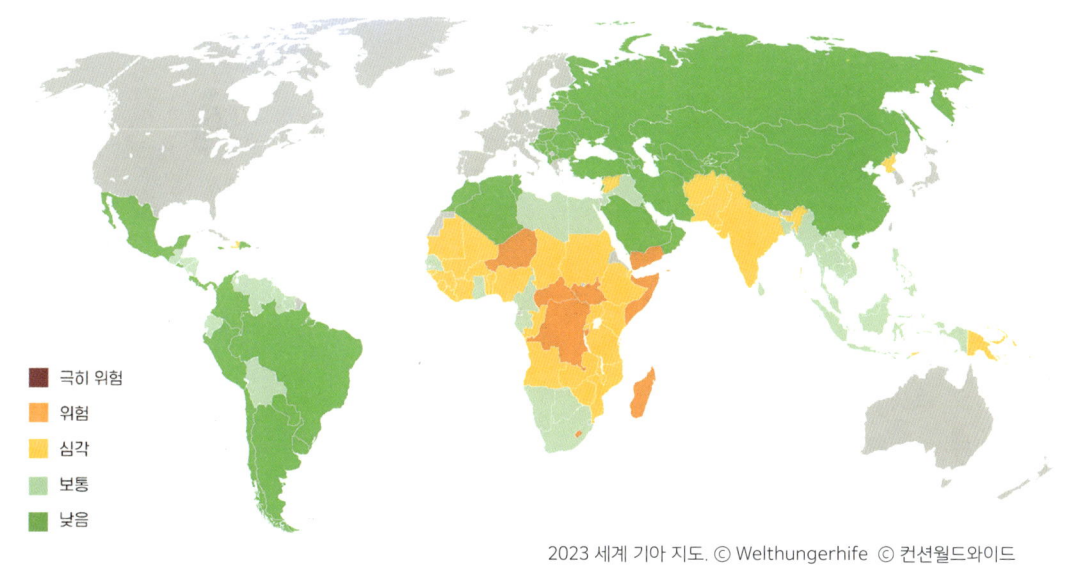

2023 세계 기아 지도. ⓒ Welthungerhife ⓒ 컨션월드와이드

영양 결핍은 음식을 먹지 못해 몸에 필요한 영양분이 부족해 건강이 나빠지는 거예요. 전 세계의 노력으로 굶어 죽는 사람이 줄어들었지만, 코로나19 팬데믹 이후 다시 늘어났어요. 전 세계 78억 인구 중 8억 명 이상이 굶주리고 있다고 해요. 기아로 1분에 11명이 생명을 잃는다고 하니 얼마나 심각한지 상상이 가지 않을 정도예요.

식량이 부족해서 기아 문제가 생기는 걸까요?

인류가 농사를 짓기 시작한 이유는 먹을거리를 생산하기 위해서였어요. 아프리카는 다른 대륙에 비해 농경지의 비율이 높아요. 농사짓는 사람들의 비율도 다른 나라에 비해 높고요. 하지만 굶어 죽는 사람들이 아프리카에 가장 많아요. 농부가 굶어 죽는다는 건 정말로 이상한 현실이죠.

굶주리는 사람들이 이렇게 많은데 실제 생산되는 식량은 계속 늘어나고 있어요. 곡물은 사람이 먹기 위한 것뿐 아니라 동물의 사료나 에너지로도 많이 사용되는데요. 이렇게 생산되는 곡물은 전 세계 인구를 먹이고도 남는 양이에요. 문제는 식량이 부족해서 굶주리는 것이 아니라는 거예요.

아프리카 농부들은 아주 적은 돈을 받고 농장에서 일해요. 그래서 자신이 키운 농작물이

가축 사료로 소비되는 식량이 지구 전체 생산량의 3분의 1이나 차지해요.

아무리 많아도 농부는 살 수가 없어요. 또는 자신의 땅에서 농작물을 키우더라도 낮은 가격에 농작물을 넘겨 가난해질 수밖에 없어요.

최근에는 기후 변화로 인한 가뭄과 홍수가 자주 일어나요. 이런 자연재해로 인해 농사가 잘 안 되어 식량 생산이 줄어드는 것도 심각한 원인이 되고 있어요.

가축 사료를 사람에게!

세계 시민 수업

세계 곡물 생산량의 3분의 1, 어획량의 4분의 1이 가축을 위한 사료로 쓰이고 있어요. 즉 선진국 사람들이 소비하는 돼지, 소, 닭 등의 육류를 기르기 위한 사료에 이 많은 식량이 들어간다는 거예요.
핀란드의 알토대학교 연구진이 발표한 결과에 따르면 가축이 먹는 '고급' 사료를 곡물 부산물이나 찌꺼기로 바꾸면 곡물 생산량의 10~26%, 해산물 공급량의 11%를 인간이 먹을 수 있는 식량으로 삼을 수 있다고 해요. 그러면 10억 명이 먹을 수 있는 양의 식량이 돼요.

🎯 평등하게 식량을 나누어야 다 함께 잘 살 수 있어요

기아 문제는 식량을 더 많이 생산한다고 해결되지 않아요. 부자 나라에서는 많은 양의 음식이 버려지고 있어요. 세계적 농업 기업들은 곡물이 많이 생산되면 자신들의 이익이 줄어들기 때문에 곡물을 불태우기도 해요.

가장 기본적인 권리는 먹는 권리예요. 사람이 죽는 일보다 더 심각한 일이 있을까요? 부자 나라가 가난한 나라 사람들에게 돌아갈 이익을 빼앗으면 기아 문제는 해결되지 않아요. 우리가 모두 함께 살아가기 위해 불평등을 해결하는 데 앞장서야 해요. 식량이 공정하게 나누어지면 모두가 웃을 수 있는 세상이 올 거예요.

세계 시민 수업

기아 문제 해결을 위한 유엔 세계 식량 계획의 노력

유엔 세계 식량 계획은 세계에서 가장 큰 인도적 식량 지원 계획이에요. 2022년 기준으로 1억 6천만 명의 사람들에게 식량을 제공했고, 6,500대의 트럭과 항공기 140대, 선박 20척을 매일 가동하며 세계 120개 이상의 나라와 지역에서 활동하고 있죠. WFP는 단순히 먹을거리를 제공하는 것만이 아니라 긴급 구호, 사회 안전망 확충, 학교 지원, 교육 프로그램 진행, 기후 변화 대응, 혁신 기술 개발 등 다양한 영역에서 활동하고 있어요.

유엔 세계 식량 계획

죽음을 기다리게 만드는 빈곤

빈곤 문제

#빈곤 #세계_빈곤_퇴치의_날 #불평등
#사회_문제 #조셉_레신스키 #10월_17일

사건명 **세계 빈곤 퇴치의 날**
발생일 **매년 10월 17일**

빈곤은 최소한의 인간다운 삶을 사는 데 필요한 물적 자원이 부족한 상태예요

우리의 일상을 생각해보아요. 안전한 집에서 밥을 먹고, 깨끗한 물을 마셔요. 학교 가서 공부하고, 몸이 아프면 병원에 갈 수 있어요. 우리는 이러한 것들을 당연하게 여기며 인간다운 삶을 누리고 있죠.

하지만 세상엔 먹을 것이 없어 굶주리며 더러운 웅덩이의 물을 마시는 사람들이 있어요. 이들은 교육을 받지 못하고 병이 들어도 견디는 것밖에 할 수 있는 일이 없어요. 우리가 상상하기 힘든 이런 삶을 사는 것을 빈곤이라고 해요. 빈곤은 최소한의 인간다운 삶을 사는 데 필요한 물적 자원이 부족한 상태를 말해요.

2,500원 정도로 하루를 사는 사람이 많아요

하루에 1.9달러(약 2,500원)로 사는 사람들을 절대적으로 빈곤한 사람으로 보는데요, 이들은 주로 남아시아와 아프리카의 사하라 사막 남쪽에 살고 있어요. 인도와 나이지리아, 콩고 민주 공화국이 대표적인 국가들이에요. 전 세계 인구의 약 10%에 해당하는 사람들이 하루에 약 2,500원으로 사는 거죠. 우리가 음료수 하나를 사 먹을 수 있는 돈으로 하루 끼니를 해결하고 옷도 사고 치료도 받으며 살아갈 수 있을까요?

　빈곤은 너무 배고파서 생명이 위험해질 정도로 힘들게 해요. 건강이 나빠지고 매일 고통이 계속되지만, 그 상황에서 할 수 있는 게 없어요. 마을에는 병원이나 약국이 없고, 설사 그러한 시설이 있더라도 돈이 없어 갈 엄두도 못 내죠. 빈곤 가정의 아이는 학교에 가지 못해요. 부모들이 어린아이를 학교가 아닌 돈을 벌 수 있는 곳에 보내려는 것이 이상하지 않아요. 밥 먹는 식구를 하나라도 줄이기 위해 어린 딸을 결혼시켜 남자 집으로 보내는 일도 흔히 일어나죠. 아이를 잘 길러줄 거라는 말에 속아 아이를 먼 곳으로 보내 영영 못 만나기도 해요.

빈곤은 인간의 삶을 송두리째 파괴해요

　무너져가는 흙집에 온종일 아파하며 누워 있는 엄마와 배가 고파 울고 있는 어린 동생만 있는 집을 상상해보아요. 아빠는 원인을 알 수 없는 병에 걸려 시름시름 앓다가 돌아가셨다면 어떨까요? 이런 집에서 어린 나는 무엇을 할 수 있을까요? '내일은 무슨 즐거운 일이 있을까? 친구와 학교에서 만나 무엇을 하며 놀까? 나는 미래에 어떤 사람이 될까?' 이런 생각을

세계 인구의 10%에 해당하는 사람들이 하루에 2,200원으로 생활해요.

빈곤은 개인이 아니라 그 사회 자체의 문제에서 비롯되는 경우가 많아요. 이를 극복하는 가장 좋은 방법은 교육이에요.

할 수 있을까요?

즐겁고 행복한 하루가 어떤 느낌인지 알지 못할 수도 있어요. 어린이를 받아주는 곳이 있다면 어디라도 가서 돈을 벌려고 하겠죠. 힘든 일을 하다 다치기도 하고, 일이 서툴러 매를 맞기도 해요. 여자 어린이는 성범죄의 대상이 되기도 하죠. 사람이 아니라 짐승 같은 대접을 받으며 고통 속에 하루하루를 보내는 삶이 지속해요. 빈곤은 지독한 가난으로 인간의 삶을 송두리째 파괴해요.

전 세계의 빈곤이 발생한 원인은 다양해요

특히 아프리카에 빈곤 국가가 많은 이유는 과거에 유럽의 식민 지배를 받아서 경제적으로 자립할 수 없는 환경이 만들어졌기 때문이에요. 식민 지배에서 벗어나 독립한 뒤에는 민족 간, 종교 간 싸움을 계속하면서 많은 시설이 파괴되었어요. 국가는 제대로 운영되지 못해 부정부패가 널리 퍼져 있어요. 경제가 성장하지 못해 일자리가 없으니 부모가 있어도 가정을 잘 꾸려가지 못해요. 빈곤한 가정의 아이들은 교육을 받지 못해 어른이 되어도 제대로 된 직업을 갖지 못하죠. 부모의 가난을 자식이 그대로 물려받아 빈곤 문제는 해결되지 않아요.

📍 빈곤을 없애려면 어디서부터 시작해야 할까요?

전 세계가 함께 힘을 모아 해결하려는 첫 번째 숙제로 빈곤을 없애는 것을 꼽아요. 빈곤은 세상 모든 문제의 근본적 원인이라고 할 수 있기 때문이죠.

일단 아이들이 교육을 제대로 받는 게 우선이에요. 우리나라는 과거에 한국전쟁의 잿더미에서 부모를 잃은 아이를 외국에 수출하던 가난한 나라였죠. 하지만 지금은 다른 나라를 도울 수 있는 나라로 발전했어요. 그렇게 나라가 성장한 데는 여러 이유가 있겠지만 교육이 가장 중요한 역할을 했어요. 국민의 역량이 우수해지면 그 나라의 경제는 발전하고, 부정하게 나라를 운영할 수 없게 돼요. 국민이 정치에 참여하며 나라의 주인이라는 생각을 하기 때문이지요. 빈곤한 국가에 학교나 도서관을 짓는 일은 고기를 주는 것이 아닌 고기 잡는 법을 알려주는 것과 같아요. 빈곤을 없애기 위해 전 세계가 서로 도와가며 함께 노력해야 해요.

세계 시민 수업

빈곤 퇴치에 평생을 바친 신부

'세계 빈곤 퇴치의 날'이 제정된 계기에는 프랑스의 조셉 레신스키(1917~1988) 신부의 활동이 있어요. 그는 1917년 파리의 이민자 가정에서 태어났어요. 제1차 세계대전의 여파로 가난한 집에서 성장한 그는 가톨릭 사제가 되었어요.

레신스키는 난민 수용소의 끔찍한 실상을 목격한 뒤 1957년 난민 캠프 수용자들과 함께 빈곤 퇴치 모임을 결성했어요. 빈곤 문제를 인권의 문제와 연결한 그는 빈민촌에 유치원과 학교, 도서관과 성당을 지어 인권 회복에 평생을 바쳤어요. 그는 1987년 파리의 트로카데로 광장에서 10만 명의 군중과 함께 '절대 빈곤 퇴치 운동 기념비'를 세웠어요. 비석에는 "가난이 있는 곳에 인권 침해가 있다. 인권을 보호하는 것은 우리의 의무다"라고 새겨져 있어요. 그는 이듬해 세상을 떠났지만, 세계는 그의 뜻을 기려 세계 빈곤 퇴치의 날을 제정했답니다.

🔍 세계 빈곤 퇴치의 날

매년 10월 17일은 유엔이 지정한 '세계 빈곤 퇴치의 날'이에요. 세계 많은 나라와 시민들이 빈곤 퇴치를 위한 캠페인을 벌이고 활동 상황을 공유하는 날이죠. '세계 빈곤 퇴치의 날'은 유엔이 1992년 10월 17일로 지정해 지금까지 이어져 오고 있어요. 이날 모든 국가는 빈곤 퇴치를 위한 구체적인 활동을 국가적인 차원에서 제시하고, 이를 위해 노력할 것에 합의하며 기념하고 있어요.

지구상에는 수많은 민족이 서로 어깨를 맞대고 살고 있어요. 모두 저마다의 언어와 문화, 관습과 전통을 지니며 살아가고 있죠. 하지만 자신들과 생김새가 다르고 언어와 문화가 다르다며 다른 민족과 인종을 일방적으로 차별하고 공격하는 것은 함께 살아가는 세계 시민으로서 올바른 자세가 아니에요. 누구나 보편적인 인권을 해치지 않는 선에서 자신의 정체성을 유지하며 자신이 선택한 방식으로 살아갈 수 있어야 해요.

5부

민족과 인종

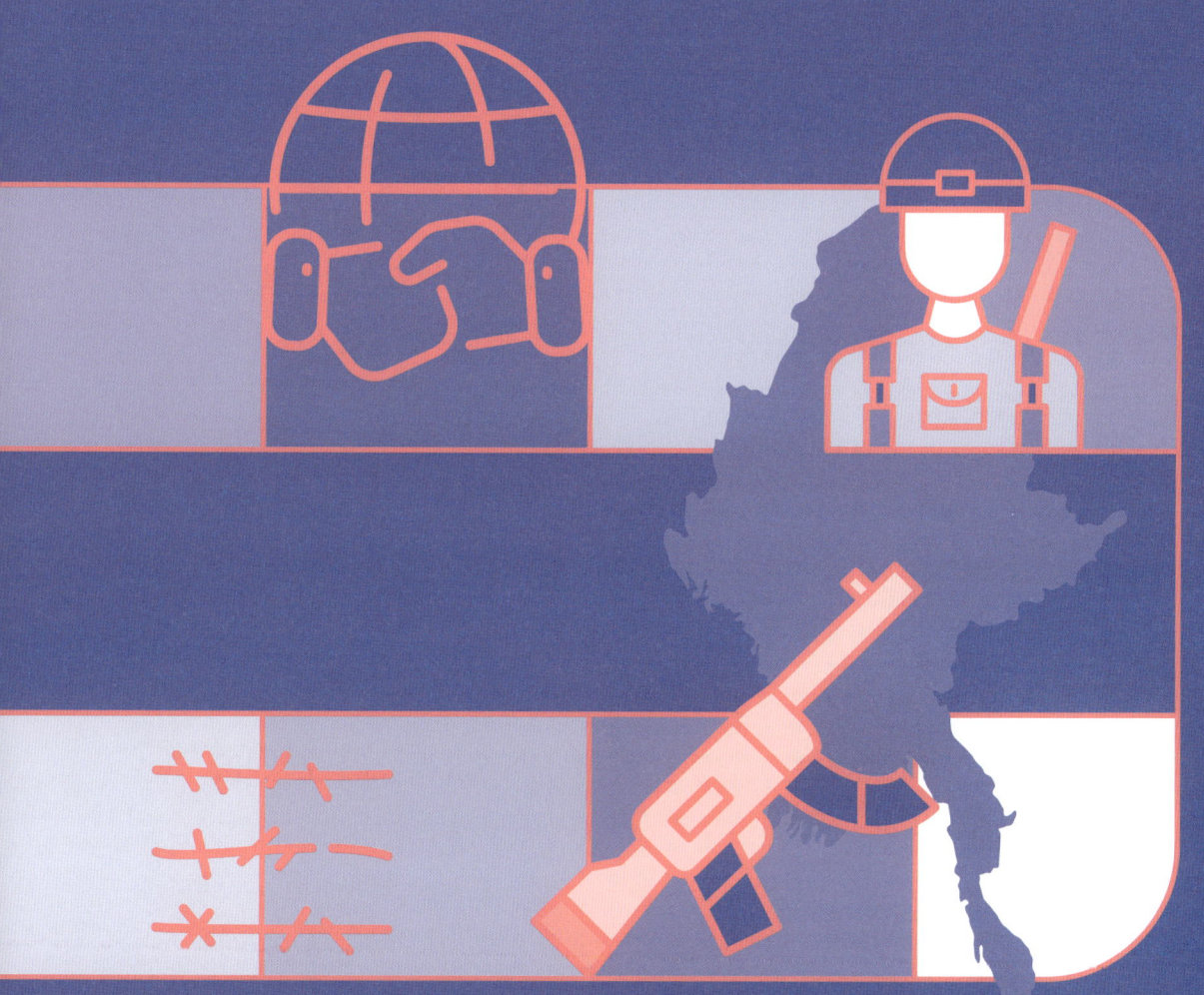

티베트에 자유를!
중국으로부터 독립하려는 티베트

#티베트 #티베트_독립 #달라이_라마
#국제_분쟁

시짱 자치구(티베트 자치구)

사건명	티베트 독립 봉기
발생일	2008년 3월 10일

중국은 70여 년 전 티베트를 침공해 중국 땅으로 만들었어요

세계 지도를 펼치면 수많은 나라를 찾아볼 수 있어요. 하지만 이 지도에서 자기 나라를 찾을 수 없는 사람들이 있어요. 바로 티베트인들이에요. 이들은 티베트라는 자신의 나라를 잃어버렸어요. 중국은 1951년 티베트를 침공해 중국 땅으로 만들었어요.

시짱 자치구
(티베트 자치구)

티베트인들은 나라를 되찾기 위해 지도자였던 달라이 라마를 중심으로 중국에 저항했어요. 중국은 이들을 잔인하게 진압해 9만 명에 달하는 사람들이 피를 흘리며 죽어갔어요. 티베트인의 삶의 중심인 불교 사원 6천여 개도 불태워졌죠. 당시 16세였던 달라이 라마는 많은 티베트인과 함께 인도로 피신했어요.

중국 땅이 된 티베트에 사는 사람들은 중국 사람이 되도록 강요받고 있어요

티베트는 현재 중국의 한 자치구로 중국 정부의 법과 정책을 적용받아요. 학교에서는 티베트어가 아닌 중국어를 가르치고, 직업을 가지려면 중국어를 할 줄 알아야 해요. 중국 사람인 한족들은 티베트로 들어와 땅을 사고 건물을 세우며 티베트의 주인이 되고 있어요. 티베트인이 가난을 탈출하려면 티베트인이 아닌 중국인이 되어야 했죠. 티베트 불교와 전통문화는 점차 사라지고 있어요.

티베트인으로 살아남기 위한 노력이 절실해요

티베트의 지도자 달라이 라마는 인도의 북쪽 다람살라라는 곳에 티베트 망명 정부를 세웠어요. 망명은 혁명 또는 그 밖의 정치적인 이유로 자기 나라에서 박해를 받고 있거나 박해를 받을 위험이 있는 사람이 이를 피하기 위하여 외국으로 몸을 옮기는 것을 말해요. 이곳에 사는 약 13만 명의 티베트인들은 티베트의 독립을 꿈꾸고 있어요. 중국 땅이 된 티베트와 인도 사이에는 세상에서 가장 높은 히말라야산맥이 있어요. 중국에 있는 티베트인들은 아이들을 인도로 보내요. 아이들은 부모 곁을 떠나 목숨을 걸고 히말라야산맥을 걸어서 넘어요.

망명 정부가 세운 기숙학교에서 아이들은 티베트어를 배우고 티베트의 역사와 문화, 종교를 익혀요. 아이들이 티베트인으로 자라야 독립도 할 수 있어서 교육은 정말로 중요한 일이에요. 달라이 라마는 비폭력 평화 정신으로 티베트의 독립을 위해 애썼어요. 이 공로로 1989년에 노벨 평화상을 받기도 했어요.

티베트 사원의 평화로운 풍경.

목숨을 걸고 티베트의 독립을 외쳐요

2008년 3월 10일, 티베트의 수도 라싸에서 승려와 티베트인들이 모여 다시 한번 독립을 위한 시위를 벌였어요. 중국은 군대를 보내 독립을 주장하는 이들을 폭력으로 막았어요. 많은 티베트인이 죽고 체포되었죠. 이후에도 중국뿐 아니라 인도와 네팔 등지에 사는 티베트 승려와 티베트인들은 독립운동을 멈추지 않았죠. '티베트에 자유를'이라는 말을 외치며 자신의 몸에 불을 지르기도 했어요. 목숨을 내놓으며 티베트인의 절실함을 전 세계에 알리기 위해서였어요.

티베트는 풍부한 지하자원이 묻혀 있는 넓은 지역이기 때문에 중국은 티베트를 점령해 많은 이익을 누리고 있어요. 하지만 국제 사회는 티베트를 강제로 빼앗고 티베트인을 탄압하는 중국에 대해 우려의 시선을 보내고 있어요. 중국의 지배를 받은 지 오랜 시간이 지나며 티베트인들의 독립에 대한 희망도 점차 사그라들고 있어요. 우리도 과거 일본의 식민 지배를 받아 나라를 잃었던 경험이 있어요. 이들의 손을 잡아줄 사람은 비슷한 아픔을 겪어본 우리라는 사실을 잊지 말아요.

세계 시민 수업

중국으로부터 독립하고 싶어 하는 위구르족

티베트 민족뿐 아니라 신장 웨이우얼 자치구의 위구르 사람들도 중국으로부터 독립하길 원하고 있어요. 중국 서쪽, 중국 전체 면적의 6분의 1에 해당하는 이곳에는 중국과 매우 다른 민족과 문화의 사람들이 오랫동안 독립적으로 살아왔죠. 주로 이슬람교를 믿는 이곳 사람들은 중국으로부터 독립하기 위해 싸우고 있는데, 중국 정부는 이들을 강압적으로 진압했어요. 또 강제 수용소를 늘리고 이슬람 사원인 모스크를 8,500곳 이상 파괴했어요.

중국의 여러 자치 구역

중국은 오래전부터 주변의 수많은 이민족과 함께 살아왔어요. 하지만 그 민족들이 모두 중국에 흡수되지 않았고, 그렇게 되길 원하지도 않았어요. 중국 정부는 자신만의 문화를 유지하며 사는 소수 민족이 사는 지역을 따로 '자치구'로 지정했어요. 현재 중국에는 5개의 자치구가 있어요. 신장 웨이우얼, 시짱, 광시 쫭족, 닝샤 후이족, 네이멍구 자치구죠. 시짱은 '티베트'의 중국어 이름이에요.

또 자치구보다 작은 행정 단위로 30개의 소수 민족 자치주가 있어요. 우리와 같은 핏줄인 조선족이 사는 옌벤도 조선족 자치주죠.

우리는 중국 사람이 아니에요!

중국에서 분리 독립하려는 사람들

#위구르족 #실크로드 #동튀르키스탄
#국제_분쟁

신장 웨이우얼 자치구
(위구르 자치구)

사건명	우루무치 유혈 사태
발생일	2009년 7월 5일

🌐 중국 땅에서 만나는 낯선 사람들, 위구르족

중국은 세계에서 가장 인구가 많은 나라예요. 14억이 넘는 인구가 사는 중국은 땅 넓이로도 세계에서 네 번째에 해당하는 큰 나라죠. 그런데 중국에 해당하는 지역들이 예전부터 중국이라는 하나의 나라는 아니었어요. 중국의 서쪽

신장 웨이우얼 지역의 중요성
신장 웨이우얼 자치구는 중국 면적의 6분의 1에 해당하는 넓은 땅이에요. 그리고 중앙아시아의 8개 나라와 국경을 접한 지역이기 때문에 군사적으로도 중요해요. 엄청난 양의 지하자원이 묻혀 있기도 해요. 중국 석유 매장량의 30%, 천연가스의 35%, 석탄의 40%가 신장에 묻혀 있어요.

신장 웨이우얼 지역은 옛 실크로드의 북쪽 경로에 있어요
신장 웨이우얼 자치구 지역은 오랫동안 돌궐족과 몽골족의 지배를 받다 8~9세기에 위구르 제국이 들어섰고, 중앙아시아의 대국으로 위세를 떨쳤어요. 이후 여러 나라가 세워졌다 무너지길 반복했죠. 이 지역은 오래전 동서양의 주요 무역로였던 실크로드가 지나는 곳이었어요. 특히 중국의 시안에서 둔황, 투루판, 우루무치, 알마티, 타슈켄트와 사마르칸트를 거쳐 페르시아로 향하는 실크로드 북로의 주요 경로였어요.

5부 | 민족과 인종 137

에 있는 신장 웨이우얼 자치구라는 지역이 대표적이에요. 이 지역의 이름이 신장인데요. 위구르족이라는 민족이 사는 특별한 지역이에요.

신장에 사는 위구르족은 이슬람교를 믿는 투르크 계통 유목 민족의 자손이에요. 시베리아와 중앙아시아, 중국 서쪽 지역에 살며 독자적인 나라를 세웠죠. 외모도 중국 사람인 한족과 달라요. 키가 큰 편이며 골격이 크고 갈색 머리에 녹색이나 갈색 눈동자인 사람들도 많아요. 모든 위구르족이 이런 외모는 아니지만, 유럽의 인종이기 때문에 중국인과는 달라요.

중국 사람이 아니라 동튀르키스탄 사람이라 주장하는 사람들

신장에 사는 위구르족은 자신들이 중국 사람이 아니라고 생각해요. 오래전에 중국의 마지막 왕조인 청나라가 이 지역을 침공해 차지했지만, 완전히 지배하지는 못했어요. 그래서 위구르족은 잠시 동안 동튀르키스탄 공화국이라는 나라를 세우기도 했어요. 하지만 1949년 이후로 중국의 지배를 받게 되었죠. 이때 많은 위구르족이 튀르키예나 주변 나라로 떠나기도 했어요. 중국의 지배를 받게 된 위구르족은 종교, 민족, 역사 등 여러 면에서 중국과는 달랐

신장 웨이우얼 지역의 위구르 사람들은 중국의 인종 학살에 반대하며 독립을 원하고 있어요.

어요. 위구르족은 중국 정부가 위구르의 문화를 고의적으로 훼손하고 있다고 말해요. 그래서 끊임없이 중국에서 분리되어 독립된 나라를 세우고 싶어 했어요.

한족들이 이 지역에 들어오면서 위구르족과의 갈등은 더 커졌어요

중국은 이 지역이 아주 중요했기 때문에 철도를 설치하고 한족들을 이주시켜 중국의 땅으로 만들려고 했죠. 중국인인 한족들이 이 지역에 들어오면서 위구르족과의 갈등은 더 커졌어요. 한족은 이 땅에서 나는 자원들을 가져가면서 점차 부자가 되었어요. 위구르인들은 자신들의 땅에서 나는 자원을 빼앗기면서 여전히 가난하게 살게 된 것에 불만이 생겼어요. 그뿐만 아니라 중국의 주인은 한족이라는 중국인들의 차별과 무시도 심했거든요.

2009년 한 공장에서 한족 사람들이 위구르인 2명을 죽이는 일이 발생했어요. 경찰은 이 사건을 제대로 수사하지 않았어요. 위구르족은 경찰의 차별적 태도에 화가 나서 시위를 하러 거리로 나섰어요. 중국 경찰인 공안은 시위대를 해산시키기 위해 폭력을 쓰기 시작했고, 시위하던 위구르인 2명이 목숨을 잃었어요. 분노한 위구르인들은 더 많이 거리로 나왔어요. 이들은 중국에서 분리하여 독립을 요구했어요. 중국 경찰은 시위대에 총을 쏘고 몽둥이로 두들겨 패며 진압했어요. 이 사건으로 공식적으로 197명이 목숨을 잃고 1,500명이 체포되었어요.

중국은 신장의 위구르인에 대한 인권 탄압을 멈춰야 해요

중국의 신장 웨이우얼 자치구에 대한 정치적 입장은 단호해요. 분리 독립은 불가능하다는 거예요. '하나의 중국'이라는 생각 때문이죠. 중국은 위구르인들을 더 잘살도록 교육하겠다며 재교육 시설을 만들었어요. 하지만 위구르인들은 이곳에서 고문과 폭력을 당했다고 해요. 여성들은 성폭행을 당하기도 했다는 증언이 나오고 있어요. 유엔 인종 차별 철폐 위원회는 신장에서 위구르인 100만여 명이 이런 시설에 갇혀 있다고 밝히기도 했죠. 중국은 스스로 '책임을 다하는 큰 나라'가 되겠다고 주장해요. 소수 민족의 인권 탄압을 멈추고 평화를 만드는 데 책임을 다하는 중국이 될 수 있도록 우리 모두 관심을 가져요.

백인을 위한 나라를 만든다고요?
다문화를 거부하기 위한 백색 테러

#인종_차별 #혐오_범죄 #백색_테러 #노르웨이 #아네르스_베링_브레이비크

사건명	2011년 노르웨이 테러
발생일	2011년 7월 22일

노르웨이에서 77명이 목숨을 잃는 테러가 발생했어요

2011년 7월 22일 노르웨이의 수도 오슬로의 정부 건물에 폭탄이 터졌어요. 이 테러로 7명이 목숨을 잃었어요. 그리고 몇 시간 뒤 오슬로에서 멀지 않은 우퇴위아섬에서 경찰 옷을 입은 한 백인 남자가 서성이고 있었죠. 이 섬에서는 청소년 700여 명이 참여한 정치 캠프가 열리고 있었어요. 이 남자는 캠프에 참가한 청소년들에게 다가가 무차별적으로 총을 쏘아댔어요. 오직 배로만 드나들 수 있는 고립된 섬에서 69명의 청소년이 이유도 모른 채 죽임을 당했어요. 오슬로 정부의 폭탄 테러도 이 남자의 소행이었죠.

이슬람교도의 이민을 막기 위해 벌인 짓이었어요

77명의 소중한 생명을 앗아간 이 남자는 아네르스 베링 브레이비크라는 이름의 노르웨이 사람이에요. 경찰에게 붙잡힌 그는 개인적인 감정으로 범행을 저지른 것이 아니라고 했어요. 그는 이슬람교도가 늘어나면서 백인 사회인 노르웨이의 순수성이 사라진다고 생각했어요. 이슬람교도가 늘어난 이유가 정치권력을 잡은 노동당의 이민 정책 때문이라 여겼죠. 우퇴위아섬의 정치 캠프는 노동당이 주최한 행사였어요. 그래서 노동당에 경고를 보내기 위해 테러를 저질렀다고 자백했어요.

다문화를 반대하며 백인 사회를 만드는 게 목적이었어요

2019년 다양한 인종이 어울려 살던 뉴질랜드에서도 비슷한 사건이 일어났어요. 브렌튼 태런트라는 이름의 백인 남성이 이슬람 사원에 들어가 예배를 보던 이슬람교도를 향해 총을 쏘았어요. 그는 게임을 하듯 50명의 사람을 죽이는 장면을 17분간 페이스북으로 생중계까지 했어요.

노르웨이 테러와 뉴질랜드 테러는 모두 백인 남성이 범인이라는 공통점이 있어요. 이들이 총을 쏜 이유는 백인이 아닌 인종에 대한 혐오였어요. 특히 이슬람이라는 종교를 믿는 사람에 대한 증오와 이민을 오는 사람들에 대한 거부감이 컸어요. 그래서 이들은 이민자들을 침략자라 여기고, 이들이 자신들의 땅에 들어오도록 한 정치인에게 분노했어요. 다문화를 반대하고 백인 순수 사회를 만들자는 생각이었죠. 단일한 민족과 문화, 하나의 종교만으로 이

특정 인종과 집단에 대한 테러는 명백한 혐오 범죄예요.
우리는 모두 같은 인간이에요.
사랑과 화합만이 증오와 무관심을 극복할 수 있어요.

루어진 국가를 만들기 위해 다른 인종과 민족, 종교를 배척하자는 것이었죠.

노르웨이 국민은 증오에 대해 사랑으로 응답하겠다고 했어요

　　노르웨이 국민은 테러 이후 큰 충격에 빠졌어요. 하지만 이민자를 받아들이는 노동당의 정책이 잘못되었다고 말하지 않았어요. 이슬람교도 때문이라며 이들을 몰아내자는 이들도 없었죠. 테러를 막기 위한 법을 만들어 국민을 감시하고 통제하자고 하지도 않았어요. 오히려 이민자에 대한 증오 때문에 테러를 일으킨 브레이비크에게 집중했어요. 이 사람도 우리 사회가 키워낸 구성원 중 한 명이라고요. 누군가를 증오하는 사람이 더는 나오지 않도록 더 큰 민주주의를 만들어내자고 했어요. 자유와 평등을 통해 인간의 존엄성을 지키는 민주주의의 가치를 더 단단하게 키우자고 목소리를 높였어요. 노르웨이 총리는 추도식에서 이렇게 말했어요. "우리는 증오에 사랑으로 답할 것입니다."

 백색 테러

테러는 정치적 목적을 이루기 위해서 암살이나 파괴 혹은 대중에 대한 폭력 범죄 등을 수단으로 하는 행위를 말해요. 그리고 그것을 행하는 사람에 따라 적색 테러와 백색 테러로 나누죠.

적색 테러　공산주의자들이 행하는 폭력 행위를 말해요.

백색 테러　사회나 국가에서 주류에 속하는 사람들이 사회적 약자나 외부인을 향해 가하는 테러예요.

민족과 종교가 다른데 하나의 나라라고요?

나이지리아 치복 납치 사건

#보코하람 #치복 #납치 #여성_폭력 #여성_학대

나이지리아

사건명 **치복 납치 사건**
발생일 2014년 4월 14일

📍 공립 중등학교에 다니던 여학생 276명이 납치되었어요

2014년 4월 나이지리아의 치복에 있는 한 공립 중등학교에 괴한들이 들이닥쳤어요. 총을 든 괴한들은 여학생들을 트럭에 태워 납치했는데요. 12~17세의 여학생 276명이 하룻밤 사이에 사라지는 끔찍한 사건이 발생한 거예요. 전 세계는 상상을 초월한 대규모 납치에 충격을 받았어요. 유엔을 비롯해 전 세계인들은 여학생들의 안전한 귀가를 기원하는 캠페인을 벌

였어요. 소셜미디어에는 '우리 딸들을 돌려줘'(#bringbackourgirls)라는 해시태그가 달렸죠.

276명이나 되는 여학생을 납치한 괴한들은 '보코하람'이라는 단체였어요. 나이지리아 정부는 여학생들이 풀려날 수 있도록 보코하람과 협상했어요. 체포했던 보코하람 대원과 여학생을 교환하기도 했는데요. 아직도 여학생 100명의 생사는 파악되지 않고 있어요.

📍 보코하람에서 탈출했다고 해서 고통이 끝난 것은 아니었어요

많은 여학생이 원치 않는 임신을 하거나 신체를 훼손당하기도 했어요. 정신적 충격에서

벗어나지 못해 심각한 후유증을 호소하는 경우도 많았고, 기독교도였던 소녀들이 강제 개종을 당해 집으로 돌아간 뒤에도 가족들과 어울리지 못하기도 했어요. 또 사람들로부터 멸시와 차별을 당하는 등 배척을 당해 이전의 삶을 되찾지 못하기도 했어요.

'서양식 교육은 죄악'이라는 의미를 담은 '보코하람'의 테러는 심각해요

여학생들을 납치한 단체인 보코하람은 이슬람 극단주의 테러 단체예요. 보코하람은 9·11 테러의 영향을 받아 만들어진 단체인데요. 단체의 이름은 '서양식 교육은 죄악'이라는 뜻을 가지고 있어요. 이슬람 근본주의를 추구하는 보코하람은 서양식 교육과 이슬람 이외의 종교를 극도로 싫어해요. 치복 여학생들을 납치한 이유도 여자가 교육받는 것을 반대해서예요. 더불어 납치한 학생들의 몸값을 받기 위한 이유도 있었죠.

이들의 목표는 이슬람 율법인 샤리아법을 제정해 이슬람 국가를 건설하는 것이에요. 테러와 납치를 일삼으며 정부군과 전쟁을 벌이고 있죠. 보코하람의 근거지는 나이지리아 북부인데요. 북부에서 보코하람이 등장한 이유는 겉으로는 종교 때문이에요. 남부는 기독교 지역이고, 북부는 이슬람 지역이니까요. 하지만 종교적 이유가 전부는 아니었어요.

교육받지 못한 빈곤한 북부 청년들이 테러 단체에 가입했어요

나이지리아의 남부는 해안과 접해 있어서 교통이 편리해요. 영국은 나이지리아를 쉽게 지배하기 위해 남부에 공업 시설을 지었어요. 대학과 병원도 세우고 기독교를 전파했죠. 석유와 천연가스가 매장된 곳도 남부였기 때문에 영국은 남부를 발전시켰어요. 남부의 기독교도 지역은 국가의 경제적 이익을 독차지하고 정치권력도 장악했어요. 그에 비해 육지 안쪽의 북부는 이슬람교 지역인데요. 북부 사람들은 오랜 세월을 이 지역에 살았지만, 차별을 받고 여전히 농업이나 목축업을 하며 가난하게 살았어요.

남부와 북부의 갈등은 점점 심해졌고 서로를 증오하게 되었죠. 기독교도가 이슬람 마을을 공격하고, 이슬람교도가 기독교도를 침략하는 일도 잦아졌어요. 북부의 가난한 청년들은 교육을 받지 못해 보코하람의 선전에 쉽게 빠져들었어요. 게다가 월급까지 주니 너도 나도 가입했어요. 테러 단체인 보코하람은 점점 세력이 커졌어요.

영국 때문에 서로 다른 사람들이 한 국가를 이루었어요

나이지리아는 원래 250개가 넘는 민족이 살면서 500개가 넘는 언어를 쓰는 지역이었어요. 각 부족은 독자적 공동체를 이루며 살았어요. 토착 종교의 영향력도 강했죠. 하지만 영국이 기독교를 들여오면서 북쪽의 이슬람교도인 하우사족과 풀라니족, 그리고 남쪽의 기독교도인 이보족과 요르바족 사이의 갈등이 더 심해졌어요. 1914년 영국은 이렇게 대립이 심각한 남부와 북부를 묶어 하나의 나라로 국경선을 그었어요. 수천 년 동안 동질 의식이 없던 사람들이 한순간 하나의 국민이 될 수는 없었죠.

영국으로부터 독립한 후 각 지역은 독자적으로 정치를 하려 했고, 권력을 장악한 민족의 부정부패가 만연해졌어요. 수차례 쿠데타가 일어나 정치가 불안정했어요. 석유로 인해 죽고 죽이는 갈등은 더 심각해졌죠. 여기에 보코하람의 테러가 국제적 악명을 떨치며 정부는 무기력한 모습을 보이고요. 나이지리아의 국기는 초록의 두 줄무늬 사이에 흰색의 줄무늬가 있어요. 초록의 땅 사이에 하얀 평화를 상징하는데요. 나이지리아에 평화가 찾아오기를 전 세계가 기도하고 있어요.

아프리카 몇몇 나라의 국경선이 반듯한 이유

세계 시민 수업

대부분 나라의 국경선과 달리 아프리카 대륙 몇몇 나라의 국경선은 마치 자로 그은 듯 반듯하게 나뉘어 있는 경우가 많아요. 산이나 강, 협곡 등을 중심으로 자연스럽게 형성된 것이 아니라 누군가 일부로 그렇게 정했기 때문이에요. 아프리카에는 서로 다른 언어를 쓰는 원주민이 1,500부족이나 있었어요. 그런데 1884년 베를린 회담을 통해 유럽의 14개 나라들이 아프리카 대륙을 지배하기 위해 일방적으로 국경선을 나누었어요. 그 과정에서 서로 사이가 나빴던 부족들이 한 나라에 속하거나 한 부족이 지배하던 영토가 여러 나라로 갈라지기도 했어요. 그 결과 오늘날까지 아프리카에서는 부족 간의 갈등과 분쟁이 이어지고 있어요.

세상에서 가장 박해받는 민족인 로힝야족을 아시나요?

미얀마의 로힝야족 박해

#미얀마 #로힝야족 #난민 #민족_학살 #종교_탄압

사건명	로힝야족에 대한 미얀마 군부의 집단 학살
발생일	2017년 8월 25일

로힝야족은 존재하지만, 존재를 인정받지 못하는 민족이에요

로힝야족은 방글라데시와 인접한 미얀마(옛 버마)의 서부에 사는 사람들이에요. 이들은 미얀마에 살고 있지만 미얀마 정부는 이들을 자국민으로 인정하지 않아요. 미얀마에는 버마족을 비롯해 130개가 넘는 소수 민족이 사는데, 여기에 로힝야족은 제외되었죠. 심지어 미얀마 정부는 '로힝야족'이라는 말 자체가 없다고 주장해요. 오히려 로힝야족을 '침략자' '검은 쓰나미'라며 악마화했죠.

미얀마는 20만 명 이상의 로힝야족을 불법 체류 외국인이라며 옆 나라인 방글라데시로 쫓아냈어요. 법을 제정해 로힝야족의 시민 권리도 박탈했죠. 로힝야족이 미얀마의 정체성을 파괴할 거라면서요. 하지만 로힝야족은 미얀마 인구 5,400만 명 중 5%만 차지할 뿐이에요.

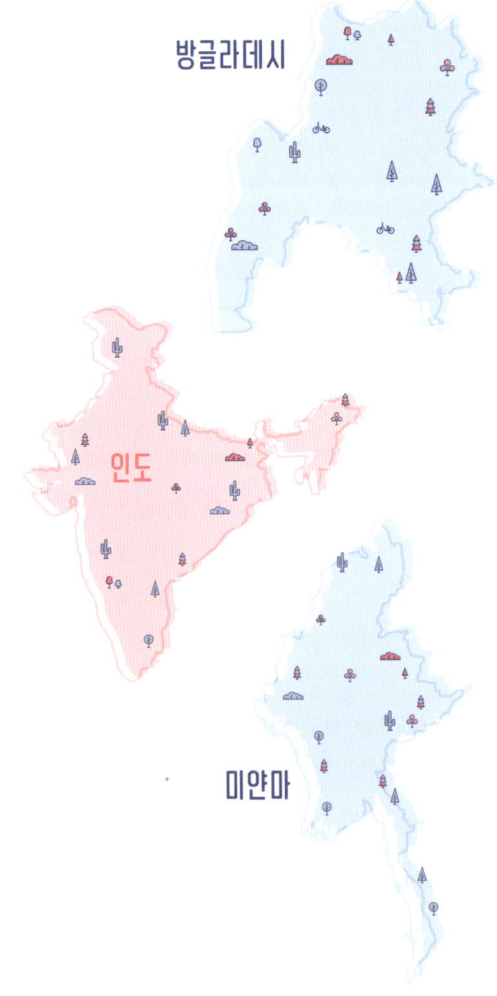

로힝야족은 미얀마에 살고 있지만, 미얀마 국민으로 인정받지 못한 그림자 같은 존재로, 오랜 시간 차별과 박해를 받아왔어요.

영국은 방글라데시에서 벵골 사람을 데려와 미얀마를 지배했어요

로힝야족은 방글라데시 사람들과 외모가 비슷해요. 종교도 방글라데시와 같은 이슬람교를 믿어요. 이들이 방글라데시 사람들과 비슷한 이유는 방글라데시가 있는 벵골 지역에서 온 사람들이기 때문이에요.

오랫동안 미얀마 내에서 살았던 로힝야족도 있었지만, 많은 로힝야족 사람은 영국이 식민 지배를 하는 동안 미얀마에 들어왔어요. 영국은 이들에게 그 지역의 땅을 주겠다고 약속하며 미얀마인의 땅을 빼앗았어요. 그리고 로힝야족을 이용해 미얀마인을 통치했죠. 불교를 믿는 미얀마 사람들은 영국이 데려온 외국인에 의해 식민 지배를 받으니 두 민족 사이는 더욱 나빠졌어요. 두 민족은 번갈아가며 서로를 죽이고 여성을 성폭행했으며 마을을 불태웠어요. 민족 차이에 종교 갈등까지 더해져 서로를 미워하는 마음이 더 커졌어요.

방글라데시에 있는 로힝야 난민 캠프.

5부 | 민족과 인종 147

로힝야족은 세계에서 가장 박해받는 민족이라 불려요

1948년 영국의 식민 지배에서 벗어난 미얀마는 본격적으로 로힝야족을 탄압하기 시작했어요. 군인들이 권력을 잡고 나서는 극단적인 불교도들을 이용해 로힝야족을 죽였어요. 일부 불교 승려들이 로힝야족에 대한 거짓 소문을 퍼뜨리면서 미얀마 사람들은 로힝야족에 대해 더욱 나쁜 감정을 갖게 되었죠.

일부 로힝야족 사람들은 미얀마로부터 독립하기 위해 독자적 군대를 만들어 정부에 저항했어요. 이에 미얀마 정부는 군대를 동원해 로힝야족을 마구 잡아 잔인하게 죽였어요. 70만 명이 넘는 로힝야족은 생명의 위태로움을 느끼며 주변 나라로 피신했죠. 수천 명의 사람이 피난길에서 목숨을 잃었어요.

이들이 가장 많이 정착한 곳이 방글라데시예요. 하지만 방글라데시도 경제적으로 어려운 나라예요. 임시로 이들을 받아주긴 했지만, 계속 머물게 할 수는 없다고 해요. 로힝야족은 나라 없이 떠돌며 고통스러운 시간을 보내고 있어요. 난민이 된 로힝야족은 세상을 향해 외치고 있어요. "우리는 로힝야족이고, 이슬람교도다. 우리가 살던 조국과 고향으로 다시 돌아가고 싶다."

세계 시민 수업

로힝야족은 어떻게 미얀마에 살게 되었을까요?

지금으로부터 150여 년 전에 전 세계는 유럽의 강대국들이 약한 나라를 식민지로 삼던 제국주의 시대였어요. 이때 영국은 미얀마를 식민지로 만들었어요. 이곳에 농장을 세운 영국은 일할 노동력이 필요했어요. 버마족과 같은 미얀마 사람들은 영국의 말을 잘 듣지 않았죠. 그래서 영국은 농장에서 일할 사람들을 벵골 지역에서 데려왔어요. 벵골 지역에서 온 이들의 자손이 오늘날의 로힝야족이에요.

버마인가요, 미얀마인가요?

미얀마(Myanmar)는 1989년 전까지는 버마(Burma)라는 국명으로 불렸어요. 미얀마의 군사 정권은 '버마'라는 호칭이 영국 식민지 시대의 잔재이고, 버마족 외에 다른 135개 소수 민족을 아우르지 못한다면서 미얀마로 나라 이름을 바꾸었어요. 하지만 미얀마의 군사 정권을 인정하지 않는 사람들은 아직도 미얀마가 아닌 버마로 부르고 있어요.

쿠르드족은 한 번도 나라를 가져본 적이 없다고요?

쿠르드족의 나라 없는 설움

#쿠르드족 #쿠르디스탄 #독립운동
#쿠르드_노동자당 #IS

사건명 **쿠르드족 눈물의 항의**
발생일 2017년 10월 19~21일

쿠르드족은 단 한 번도 나라를 가져보지 못했어요

   3·1 만세운동은 일본에 나라를 빼앗겼던 우리 민족이 독립 만세를 외쳤던 역사적 사건이에요. 일본의 총칼이 두려웠지만, 나라를 되찾기 위한 열망으로 전국에서 일어난 운동이죠.

   그런데 단 한 번도 자신들의 나라를 가져보지 못한 민족이 있어요. 2,500년 동안이나 전통을 지키며 살아온 쿠르드족인데요. 나라 없이 차별과 박해를 받았지만 사라지지 않았죠. 이들은 자신의 나라 없이 튀르키예, 이라크, 이란, 시리아, 아르메니아의 국경 지역에 걸쳐 살

쿠르디스탄의 꿈
쿠르드족 사람들은 튀르키예에서부터 이란까지 여러 나라에 걸쳐 살고 있어요. 튀르키예에 1,500만 명, 이란에 800만 명, 이라크에 600만 명, 시리아에 200만 명이 살고 있죠. 그 외 지역까지 모두 합치면 3,500만 명에 달하죠. 이들은 쿠르디스탄이라는 나라가 세워지길 바라고 있어요.

5부 | 민족과 인종   **149**

고 있어요. 이들의 오랜 소원은 하나였어요. 자신들의 나라를 세우는 것이었어요.

쿠르드족이 사는 국가들은 쿠르드족이 나라 세우는 걸 원하지 않아요

이렇게 숫자가 많은 쿠르드족이 자신들의 나라를 세우지 못한 이유는 국제 정세 때문이었어요. 쿠르드족이 나라를 세우기 위해서는 쿠르드족이 사는 나라들에서 조금씩 땅을 내놓아야 해요. 현실적으로 해당 나라들은 그러고 싶어 하지 않아요. 이라크 안에서 쿠르드족이 사는 땅은 석유가 많이 묻혀 있다고 해요. 튀르키예 같은 경우는 전체 인구의 5분의 1이 쿠르드족이기 때문에 넓은 땅을 내주어야 하고 인구도 줄게 되죠. 이런 이유로 쿠르드족은 나라를 세우지 못한 채 오히려 독립을 주장하다 박해를 받았어요.

쿠르드족은 총을 들고 독립을 위해 싸웠어요

제1차 세계대전 때 이 지역에서 영국은 오스만 제국과 싸우고 있었어요. 영국은 오스만 제국에 살던 쿠르드족을 끌어들였어요. 영국을 도와서 싸워주면 독립을 시켜주겠다고요. '세브르 조약'으로 약속까지 했어요. 하지만 약속은 지켜지지 않았고 쿠르드족은 오스만 제국에 이어 새롭게 세워진 튀르키예의 미움을 받게 되었죠. 튀르키예는 쿠르드족을 잔인하게 탄압했어요. 쿠르드어를 쓰면 잡혀가 감옥에 갇혀야 했어요. 쿠르드식 이름과 전통 옷은 금지되었죠. 결국 쿠르드족은 쿠르드 노동자당(PKK)을 세워 총을 들고 저항했어요. 튀르키예는 쿠르드 노동자당을 테러 단체로 규정하고 있어요.

강대국들은 쿠르드족을 이용만 할 뿐, 번번이 약속을 어겼어요

이라크와 이란은 자국 내에 있는 쿠르드족을 전쟁의 방패막이로 썼어요. 이란-이라크 전쟁 때는 이란이 이라크 내에 있는 쿠르드족을 지원했는데, 사실상 독립을 미끼로 전쟁에 쿠르드족을 이용한 거죠. 쿠르드족은 정부군인 이라크에 저항하며 독립을 하려 했어요. 이라크의 지배자 사담 후세인은 '안팔 작전'으로 18만 명에 달하는 쿠르드인을 죽였어요. 독가스를 이용해 잔인하게 죽이기도 했죠.

서아시아 지역의 석유와 정치적 영향력을 위해 미국도 여러 차례 이 지역 전쟁에 참여했는데요. 미국도 번번이 쿠르드족을 이용했어요. 시리아 내전 때는 미국이 수니파 무장 단체인 IS(이슬람국가)를 소탕하기 위해 쿠르드족을 불러들였죠. 쿠르드족은 독립을 약속한 미국의 말을 믿고 IS와 싸웠어요. 여성들도 전사가 되어 힘을 보탤 정도였지요. 이렇듯 강대국들은 여러 차례 쿠르드족을 이용해 자신들의 이익을 챙기거나 중동 지역에서 영향력을 확대하려 했어요. 그럼에도 쿠르드족은 여전히 자신들의 정체성과 권리를 지키기 위해 투쟁하고 있답니다.

"친구가 아니라 산을 벗하라" — 세계 시민 수업

쿠르드족은 넓은 영토에 많은 인구가 모여 살았지만 자기 나라를 가지지 못했어요. 오히려 영국 등 강대국으로부터 이용만 당했죠. 미국을 도와 IS 소탕에 성과를 올린 후 쿠르드 자치 정부는 독립을 위한 투표를 하려 했어요. 그런데 미국이 투표를 막았죠. 심지어 이라크 정부가 쿠르드족을 공격할 때는 구경만 할 뿐이었어요. 수차례 독립의 꿈을 빼앗긴 쿠르드족은 아르빌에 있는 미국 총영사관을 찾아가 항의했어요. "친구가 아니라 산을 벗하라." 쿠르드족의 속담이에요. 누구도 믿을 수 없는 쿠르드 사람들의 심정이 담겨 있어요.

난민을 거부하기만 하면 될까요?

난민을 바라보는 세계의 시선

#난민 #시리아_내전 #시리아_난민
#알란_쿠르디 #기후_난민

사건명 　독일 난민 수용을 둘러싼 찬성과 반대 시위
발생일 　2018년 9월 1일

📍 독일에서 난민 수용 반대와 찬성 집회가 동시에 열렸어요

2018년, 독일의 켐니츠에서 수많은 사람이 커다란 사진을 들고 거리 행진을 했어요. 사진 속 인물은 난민 출신 남성에 의해 목숨을 잃은 독일인이었죠. 이 독일 남성은 시리아와 이라크에서 온 남성이 휘두른 흉기에 찔려 사망했는데요. 집회에 참여한 사람들

집회에서 난민을 환영하고 '인종 차별주의는 떠나라'는 펫말을 들고 있는 독일 시민. 독일은 난민을 받아들이며 강대국의 책임을 다했어요.

은 난민을 받아들이는 정부 정책을 비판했어요. 이슬람교를 믿는 난민이 늘어나면서 성범죄와 살인 같은 강력 범죄가 늘어났다고 주장했죠.

이들은 "우리가 국민이다"라고 쓰인 팻말을 들고 시위했는데요. 경찰을 향해 병을 던지는 등 폭력 시위를 하기도 했죠. 반대편에서는 난민을 받아들여야 한다는 사람들이 모여 맞불 집회를 열었어요. 이들은 난민 수용을 반대하는 사람들을 비판했어요. 난민과 이슬람교를 혐오하는 것은 나치와 같다며 이들의 거리 행진을 막아섰어요.

독일은 시리아 난민을 받아들이며 강대국의 책임을 강조했어요

독일은 유럽에서 난민을 가장 많이 받아들인 나라예요. 시리아 내전으로 난민이 폭발적으로 증가하자, 독일의 메르켈 총리는 강한 독일을 내세우며 시리아 난민을 환영한다고 했죠. "우리는 할 수 있다." 이렇게 선언하며 난민에 대한 자국민의 공포와 우려를 잠재우기도 했어요. 100만 명 이상의 난민을 받아들여 유럽에서 가장 난민 친화적인 나라가 되었죠.

하지만 난민이 들어오지 못하도록 장벽을 세우고 감시하는 나라도 많았어요. 독일은 전 세계가 함께 난민을 분산해 받아들이자는 메시지를 보내기도 했어요. 시리아 내전으로 자국에서 탈출한 사람들은 요르단과 튀르키예 등 주변 국가로 피신했어요. 하지만 많은 난민은 좀 더 안전하게 정착할 수 있는 유럽으로 향했죠.

난민을 받아들이는 정책을 비판하는 사람들도 늘어났어요

폭발적으로 유럽에 몰려든 난민으로 인해 유럽의 갈등도 심각해졌어요. 독일은 과거 나치에 의한 유대인 학살에 대한 책임과 인도주의 가치를 내세우며 난민을 받아들였죠. 고령화와 저출산 문제를 해결하기 위해 시리아 난민을 받아들인 이유도 있었어요.

하지만 난민이 유입되면서 이슬람교도가 증가하는 것을 비판하는 사람들도 있었어요. 극단적 이슬람 세력이 유럽 내에서 테러를 저지르는 일이 늘어나면서 난민과 이슬람교도를 증오하는 단체들도 생겨났죠. 난민들이 정착할 수 있도록 국가가 세금을 쓰는 것도 사람들이 비판했어요.

"우리가 국민이다." 이렇게 주장하는 이들은 국민이 낸 세금으로 국민이 아닌 난민을 돕는 것은 잘못되었다는 거예요. 인종과 문화, 종교가 다른 사람들이 국내에 들어오는 것을 반대하는 외국인 혐오도 증가했어요. 이들의 지지를 등에 업고 극우 정당이 제2차 세계대전 이후 처음으로 의회에 진출하기도 했죠.

"우리는 도움이 필요해요"

독일로 향하던 시리아 난민 중에는 어린이도 많았어요. 그중 13세의 시리아 난민 어린이 키난 마살메흐의 인터뷰 영상이 화제가 되었죠. 마살메흐는 말했어요. "시리아 사람들은 도움이 필요해요. 우리는 유럽으로 가기를 원하지 않아요. 전쟁만 멈춰주세요. 그게 전부예요."

난민이 되고 싶어서 난민이 되는 사람은 없어요. 냉대를 받으며 남의 나라에서 난민 신분으로 살기를 원하지 않죠. 고향에서 가족과 친구들과 일상을 누리고 싶은 게 난민들이 정말로 원하는 거예요. 난민들의 자립을 도와 다시 자국으로 돌아갈 수 있도록 국제 사회가 노력해야 하는 이유예요.

알란 쿠르디의 비극 　　　　　　　　　　　　　　　　　　　　　　**세계 시민 수업**

시리아 난민들은 유럽으로 가기 위해 배와 고무보트를 타고 지중해를 건너려 했어요. 그런데 난민을 태운 5척의 배가 난파되어 한꺼번에 1,200명 이상이 사망하는 사건이 발생했어요. 특히 튀르키예 해안에 밀려온 시리아의 세 살배기 알란 쿠르디의 시신 사진이 공개되며 난민을 받아야 한다는 국제 여론이 만들어졌어요. 이후 유럽 전체의 난민 정책이 바뀌게 되었어요.

기후 난민

전쟁이 아니라 가뭄이나 홍수 등 급격한 기후 이상으로 살던 곳을 떠나야만 하는 사람을 기후 난민이라고 해요. 자국 내 난민 감시 센터(이하 IDMC)에 따르면 2022년 기준으로 자연재해로 고향을 떠난 기후 난민이 약 3,260만 명이라고 해요. 기후 난민은 지난 10년 동안 평균보다 41% 증가했어요. 기후 난민의 98%는 홍수, 가뭄, 산불 등 기후 변화로 인한 재해로 발생했어요. 더 늦지 않게 국제 사회가 힘을 합쳐 기후 위기에 적극적으로 대응해야 해요.

흑인이면 범죄자일 가능성이 크다고요?

미국 경찰의 흑인에 대한 편견

#인종_차별 #흑인_차별 #흑인의_목숨도_소중하다
#조지_플로이드 #로자_파크스

미국

| 사건명 | 조지 플로이드 사망 사건 |
| 발생일 | 2020년 5월 25일 |

미국은 다양한 인종이 뒤섞인 나라예요

미국은 오래전에 영국에서 온 사람들이 정착해서 시작된 나라예요. 영국뿐만 아니라 유럽 여러 나라에서 사람들이 이민을 와서 미국을 만들었어요. 그래서 미국에는 백인이 많이 살았어요. 하지만 미국은 백인들만의 나라는 아니에요. 영국인들이 들어오기 전 이 땅에 살던 원주민인 인디언들이 있었죠. 미국을 세운 사람들은 새로운 나라를 만들기 위해 일할 사람이 필요했어요. 그래서 아프리카 사람들을 많이 데려왔어요. 이들은 노예의 신분으로 아프리카에서 강제로 끌려온 흑인들이었죠. 여기에 중국인을 비롯한 아시아 사람들과 스페인어를 쓰는 라틴 아메리카에서 온 사람들도 많았어요.

백인이 주인공인 나라, 미국

미국은 다양한 인종과 민족, 문화를 가진 사람들이 어울려 사는 나라예요. 그래서 미국을 여러 채소가 담긴 샐러드 그릇에 비유하곤 하죠. 다양한 인종이 함께 사는 미국이지만, 미국의 지배 계층은 주로 백인이에요. 정치하는 이들도 대부분 백인이고, 경제를 이끄는 기업인들도 백인이 많았어요. 버락 오바마 대통령을 제외하고 건국 이래 미국 대통령은 모두 백인이었죠. 다른 인종에서도 뛰어난 능력을 갖춘 사람들이 많았을 텐데, 미국에서 주로 백인이 중요한 역할을 차지하는 것은 뭔가 이상하게 느껴져요. 백인이 다른 인종들을 차별한 것은 아닐까요?

흑인 조지 플로이드는 백인 경찰에 의해 죽임을 당했어요

과거에는 백인들이 다른 인종을 차별하는 일이 많았어요. 지금은 미국에서 법적으로 인종 차별은 사라졌지만, 여전히 흑인에 대한 차별은 심각해요. 최근 일어난 대표적인 예로 조지 플로이드 사건이 있어요. 2020년 미국 미네소타주에서 가짜 돈을 사용하려 한다는 신고가 경찰에 들어왔어요. 출동한 경찰은 범인으로 의심되는 한 남자를 차에서 내리게 하죠. 그리고 백인 경찰관인 데릭 쇼빈은 무릎으로 이 남자의 목을 눌러 숨지게 했어요.

"죽이지 마세요." "숨을 쉬지 못하겠어요." 길바닥에 엎드린 채로 이 남자는 애원했어요. 하지만 경찰은 8분이 넘는 긴 시간 동안 이 남자의 목을 무릎으로 누르는 바람에 숨을 쉴 수

"흑인 생명도 소중하다." 미국 전역에서 인종 차별에 대한 항의가 벌어졌어요.

없게 되었고, 결국 그는 숨지고 말았어요. 이 남자는 조지 플로이드라는 이름의 흑인이었어요. 이 사건은 많은 사람들에게 큰 충격을 주었고, 경찰의 과잉 진압과 인종 차별에 대한 문제를 다시 한번 떠올리게 했어요.

편견은 사람을 죽일 수도 있어요

조지 플로이드는 한낮에 사람들이 보는 앞에서 경찰에 의해 죽임을 당했어요. 이 영상이 전 세계에 공개되면서 사람들은 분노했어요. 경찰은 범인으로 의심되는 사람을 잡아서 그 사람이 정말 잘못했는지 조사한 후 법에 따라 공정하게 재판을 받도록 돕는 역할을 해요. 하지만 백인 경찰 데릭 쇼빈은 자신이 직접 조지 플로이드를 처벌한 셈이죠. 죽음이라는 가혹한 벌을 내린 거예요. 단지 조지 플로이드가 흑인이라는 이유로 말이죠.

과거에도 흑인이라는 이유만으로 범인일 가능성이 크다고 잘못 추측한 경찰들 때문에 목숨을 잃은 사람들이 많았어요. 흑인에 대한 편견이자 차별이죠. 조지 플로이드에 대한 경찰의 지나친 진압은 미국에서 일어나는 인종 차별이 얼마나 심각한지를 적나라하게 보여준 사건이었어요.

세계 시민 수업

"흑인 생명도 소중하다"

조지 플로이드 사건 이후 미국의 모든 지역에서 차별과 불평등에 항의하는 시위가 벌어졌어요. "Black Lives Matter(흑인 생명도 소중하다)"라는 캠페인을 벌였어요. 전 세계 사람들도 온라인 소셜미디어에 인종 차별을 반대하는 문장을 올리며 항의했어요. 사람들은 거리로 나와 차별과 불평등에 목소리를 높였고, 더 공정한 사회를 만들기 위해 노력하고 있어요.

버스에서 시작된 흑인 인권 운동

1955년 흑인 여성 로자 파크스는 백인만 앉을 수 있는 버스 앞쪽 자리에 앉아서 가고 있었어요. 백인 남성이 버스에 타자 버스 기사가 그녀에게 흑인이 앉는 뒤쪽 자리로 옮기라고 했지만 그녀는 이를 거부해 경찰에 체포되었어요. 이 일을 계기로 미국에서는 흑인에 대한 차별을 반대하는 운동이 폭발적으로 일어났어요. 이후 오랜 시간 동안 사람들은 흑인 차별을 없애기 위해 많은 노력을 했고, 차별적인 제도가 점차 폐지되었어요.

군부에 맞서기 위해 민족이 힘을 합쳐야 한다고요?

민주주의를 되찾기 위한 미얀마 사람들

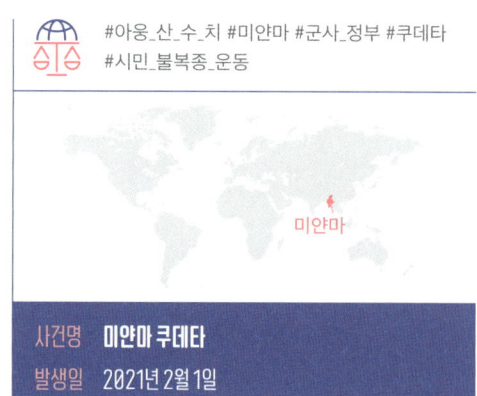

#아웅_산_수_치 #미얀마 #군사_정부 #쿠데타
#시민_불복종_운동

사건명: 미얀마 쿠데타
발생일: 2021년 2월 1일

📍 미얀마에 들어선 군사 정부는 소수 민족을 탄압했어요

미얀마는 오랫동안 군인 세력이 정치권력을 차지한 나라예요. 군인은 외적의 침입에 대비해 나라를 지키는 사람들인데, 정치인이 아닌 군인이 국가를 지배했다니 참으로 이상한 일이에요. 미얀마는 제국주의가 기승을 부리던 20세기 초 영국의 지배를 받았어요. 이후 1948년 영국으로부터 독립했는데요. 독립할 때 미얀마에 있는 소수 민족의 역할이 컸어요. 독립 영웅이었던 아웅산 장군은 소수 민족의 자치권을 약속했죠. 하지만 독립 직전 아웅산 장군은 암살을 당했어요. 이후 네 윈이 일으킨 군부 쿠데타로 미얀마에 군사 정부가 들어섰어요. 네 윈은 '하나의 국가'를 주장하며 소수 민족을 탄압했어요.

📍 군부 독재 정치가 끝나고 미얀마 국민은 민주주의를 누렸어요

군부 정권은 국민의 권리를 억압하는 독재 정치를 했어요. 군인 세력은 특권층이 되어 귀족과 같은 권력을 누렸죠. 국가는 국민을 위해 일하는 공적 기관이 아니라, 군부의 이익을 충족시키는 대상이 되었어요. 자원을 캐서 해외에 파는 기업을 군인이 차지할 정도였어요. 군부 세력은 정치권력을 계속 유지하기 위해 헌법을 바꿨어요. 의회 의석의 25%를 현역 군인이 차지하도록 했죠. 이로 인해 군부 독재 정치는 53년이나 이어졌어요. 그러다 2015년 아웅산 장군의 딸인 아웅 산 수 치 고문이 이끄는 민족민주연맹(NLD)이 선거에서 압도적으로 이겼어요. 마침내 군부 독재가 막을 내리고 국민은 민주주의의 달콤함을 누리게 되었어요.

미얀마에서 다시 군사 쿠데타가 일어났어요

5년이 지나 2020년 다시 선거가 치러졌어요. 이번에도 민족민주연맹은 전체 의석의 83%를 차지할 정도로 국민의 지지를 얻으며 압도적인 승리를 했어요. 하지만 군부 세력은 이 선거를 부정선거라고 주장하며 2021년 2월 1일 쿠데타를 일으켜 반대 세력을 유혈 진압했어요. 아웅 산 수 치 여사를 집 밖으로 나오지 못하게 위협하고 군부가 국가를 통치하겠다고 선언했죠. 쿠데타는 민주적인 선거 결과를 깡그리 무시하는 짓이에요.

미얀마 시민들은 군부의 불법적인 권력 장악을 비판하며 거리로 나섰어요. 나라의 주인은 군인이 아니라 국민이라고 주장했어요. 군부가 시키는 대로 하지 않겠다며 '시민 불복종 운동'을 펼쳤죠. 정의를 원한다는 의미를 담아 세 손가락 경례를 하며 시위했어요. 하지만 군

"우리는 군사 쿠데타를 받아들이지 않습니다."

미얀마 바간 평야의 사원 유적. 미얀마는 찬란한 역사를 가진 아름다운 나라예요.

부는 폭력적으로 시위를 진압했어요. 1,500명이 목숨을 잃고 1만 명이 넘는 사람들이 체포되었어요.

국민통합 정부는 소수 민족에게 손을 내밀고 있어요

군부에 반대하는 민주주의 세력은 국민통합 정부를 세웠는데요. 미얀마 내의 소수 민족과 힘을 합쳐 군부를 몰아내겠다고 했어요. 미얀마는 135개 민족이 하나의 나라를 이루고 있어요. 미얀마 대다수 주민은 버마족이에요. 버마족과 달리 카렌족이나 샨족 등의 소수 민족은 군부의 탄압에 맞서 총을 들고 오랜 세월을 싸워왔어요. 버마족들은 소수 민족에게 손을 내밀고 있어요. 연합 군대를 만들어 함께 군부에 맞서자고 제안한 거죠. 버마족의 소수 민족에 대한 태도도 달라지고 있어요.

　　그동안 군부는 소수 민족인 로힝야족을 잔인하게 탄압해왔어요. 현재 로힝야족은 여전히 어려운 상황에 처해 있어요. 난민 캠프에서 기본적인 생필품도 갖추지 못하고 교육과 의료 서비스도 받기 힘든 상황이죠. 하지만 로힝야족의 고통을 모르는 체했던 과거를 반성하는 버마인들이 나오고 있어요. 자유와 평등의 민주주의가 미얀마의 모든 민족에게 찾아올 날을 기대해요. 이를 위해 전 세계의 지속적인 관심과 노력이 필요해요.

 미얀마 민주화의 상징, 아웅 산 수 치

미얀마 독립 영웅 아웅산 장군의 딸인 아웅 산 수 치(1945~)는 영국에서 대학을 졸업하고 그곳에서 살고 있었어요. 그러던 중 병든 어머니를 돌보기 위해 잠시 미얀마에 들어왔죠. 그해가 바로 1988년이었죠. 20년 넘게 지속된 군사 독재에 맞서 학생과 시민들이 8월 8일 대규모 민주화 시위를 벌였어요. 마침 미얀마에 있던 그녀는 대중연설을 시작했어요. 그 이후 세계적으로 알려졌어요. 이로써 네 윈 장군의 군사 정부가 해체되었지만 나중에 다시 새로운 군인들이 쿠데타를 일으켜 정권을 잡았어요.

아웅 산 수 치는 1988년 9월 24일 결성된 민족민주연맹(NLD)의 총비서가 되어 미얀마 민주주의 운동을 이끌기 시작했어요. 그녀는 1989년부터 2010년까지 가택 연금 상태에 있었지만 민주화를 바라는 미얀마 민중의 희망이 되어 민주주의 운동을 이끌어나갔어요.

종교는 인간의 고민을 해결하고 삶의 의미와 목적을 찾는 가르침이에요. 종교를 통해 많은 사람이 위안을 받고 살아갈 용기를 얻죠. 하지만 종종 종교는 다른 사람을 공격하는 이유가 되기도 해요. 서로 종교가 다르다는 이유로 다른 종교 사람들을 괴롭히고 죽이는 일도 있죠. 나의 종교가 아닌 다른 종교를 인정하지 않는 태도는 종교의 목적과도 맞지 않아요.

6부

종교

강대국 사이에서 고통받는 사람들이 있어요

카슈미르 분쟁

#인도 #파키스탄 #카슈미르 #카슈미르_독립 #독립운동

사건명	인도-파키스탄 전쟁
발생일	2009년 12월 3일

📍 카슈미르는 인더스 문명의 발상지예요

히말라야산맥의 서쪽 끝에는 아름다운 만년설이 펼쳐진 아름다운 계곡이 있어요. 이곳이 바로 카슈미르 지역이에요. 세계 4대 문명 중 하나인 인더스 문명이 생긴 곳이에요. 인더스 문명을 낳은 인더스강 줄기는 인도 북부에서 시작하여 파키스탄을 거쳐 인도양으로 흘러가죠. 또한 K2라는 세계에서 두 번째로 높은 산이 우뚝 솟아 있기도 해요. 눈부신 설산 아래 초록의 숲과 호수, 초원이 발달한 이 지역은 전 세계인의 찬사를 받지만, 이곳에 사는 사람들은 지난 70년간 공포에 떨며 눈물짓고 있어요.

파키스탄에서 방글라데시로
1947년 인도가 영국의 지배에서 벗어나자 힌두교 중심의 인도와 이슬람교 중심의 파키스탄으로 나뉘었어요. 이때 인도 북서부에는 서파키스탄, 인도 동남부에는 동파키스탄이 세워졌죠. 벵골 지역에 세워진 동파키스탄은 1971년 독립하여 방글라데시가 되었어요. 방글라데시라는 이름은 '벵골의 나라'라는 뜻이에요.

🔍 카슈미르는 세 나라가 차지하려고 서로 다투는 땅이 되었어요

과거에 인도와 파키스탄은 하나의 나라였어요. 영국의 식민 지배를 받던 인도는 1947년 독립을 하며 인도와 파키스탄으로 분리되었어요. 종교에 따라 힌두교를 믿는 인도와 이슬람교를 믿는 파키스탄으로 나뉜 것이죠. 인도와 파키스탄의 경계에 있는 카슈미르 지역은 주민의 대부분이 이슬람교를 믿었어요. 주민들은 당연히 파키스탄에 속하게 되리라 생각했어요. 하지만 이 지역의 통치자는 힌두교도였어요. 그는 카슈미르를 인도에 속하도록 결정했어요.

주민들이 거세게 반발하면서 파키스탄과 인도 간에 전쟁이 벌어졌어요. 유엔이 나서서 전쟁 중단을 유도하며 두 국가 간 합의를 끌어냈어요. 그 결과 카슈미르는 통제선을 사이에 두고 동서로 나뉘어 파키스탄과 인도의 지배를 각각 받게 되었죠. 하지만 이런 합의에도 불구하고 두 나라는 카슈미르를 완전히 차지하기 위해 두 번이나 전쟁을 더 일으켰어요. 이 와중에 카슈미르의 북쪽에 있는 중국이 침입해 카슈미르의 일부 지역을 차지했어요. 카슈미르는 중국까지 욕심을 부리는 분쟁 지역이 되었어요.

🔍 카슈미르 사람들은 자치가 아닌 인도로부터의 독립을 원해요

인도는 카슈미르 주민의 반발을 무마하기 위해 헌법으로 자치권을 주었어요. 인도령 카슈미르는 그 지역에서만 적용되는 법을 만들거나 국기와 같은 깃발을 쓸 수도 있죠. 하지만

카슈미르 지역 사람들은 인도도 파키스탄도 아닌 카슈미르만의 나라로 독립하고 싶어 해요.

카슈미르는 드넓고 푸른 초원 뒤로 히말라야의 설경이 펼쳐져 있는 아름다운 곳이에요.

카슈미르 사람들은 자치가 아니라 인도로부터 독립하기를 원해요. 일부 극단적 사람들은 단체를 만들어 인도에 대한 테러를 일으키며 갈등을 심화시켰죠.

카슈미르 사람들은 카슈미르 땅의 주인은 인도도, 파키스탄도 아닌 자신들이라고 주장해요. 따라서 자유로운 투표로 자신의 미래를 정할 수 있도록 인도에 요구하고 있어요. 하지만 인도는 절대 안 된다는 의견이에요. 한편 파키스탄은 카슈미르가 인도에서 분리된 다음 독립국이 아닌 파키스탄으로 편입되기를 원하고 있어요.

독립을 주장하는 카슈미르 주민들은 박해받고 있어요

파키스탄과 인도는 핵을 보유한 국가이기 때문에 카슈미르를 둘러싼 두 나라의 갈등은 핵전쟁의 위기를 가져오기도 했어요. 두 강대국이 카슈미르를 서로의 땅으로 만들겠다고 대립하는 지난 70년 동안 이 지역 주민의 인권은 사라져버렸어요. 인도는 독립운동을 하는 이들의 테러를 막겠다며 이곳에 무장 군인을 주둔시켰어요. 인도 군인들은 합법적으로 폭력을 저지르고 여성을 강간하며 심지어 테러리스트로 의심된다면서 사람들을 잡아서 죽이기도 했죠.

인도는 2019년 카슈미르의 자치권을 박탈하고 직접 통치를 시작했어요. 이에 주민들이 강하게 반발하자 통신을 차단하고 4천 명이 넘는 주민을 체포했어요. 이후 2023년에 인도 대법원은 자치권 박탈이 법적으로 문제가 없다고 판단했고, 2024년 9월에 주 의회로 선거를 실시하라고 명령했어요. 카슈미르 주민들은 여전히 독립을 꿈꾸고 있어요.

팔레스타인에는 누가 살아야 할까요?

땅을 빼앗긴 사람들과 돌려받으려는 사람들

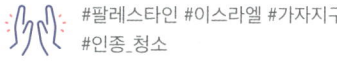
#팔레스타인 #이스라엘 #가자지구 #인종_청소

팔레스타인 | 이스라엘

사건명 이스라엘 국가 건설
발생일 1948년 5월 14일

📍 수천 년 동안 떠돌이 생활을 한 유대인

유대인들은 아주 오래전 가나안(현재의 팔레스타인) 지역에 살았어요. 유대교(유일신 여호와를 신봉하는 민족 종교)를 믿던 이들은 서기 70년 로마와의 전쟁에서 지고 나서 유럽 여러 나라로 흩어져 살게 되었어요. 이후 팔레스타인에는 아랍인이 살게 되었어요. 유럽 곳곳에 흩어져 살던 유대인들은 주로 금융업 같은 일을 하면서 많은 돈을 벌었지만, 기독교를 믿는 유럽 사람들은 반유대주의를 내세우며 유대인들을 차별하고 핍박했어요. 유대인들은 전통적으로 '약속의 땅'으로 여기는 고대 이스라엘의 땅, 특히 예루살렘을 포함한 팔레스타인 지역에 자신들의 나라를 다시 세우고 싶어 했어요. 유대인 국가를 재건하기 위해

가장 잔인한 장벽
팔레스타인 사람들은 요르단강 서쪽의 서안지구와 지중해에 닿아 있는 가자지구에 나뉘어 살고 있어요. 서안지구는 면적 5,655km²로 비교적 넓지만, 가자지구는 364.3km²로 상당히 좁아요. 이곳에 180만 명이 살고 있죠. 세계에서 인구 밀도가 여섯 번째로 높은 이 지역에 그 많은 사람이 갇혀 지내는 셈이죠. 이스라엘은 가자지구를 둘러싸고 길이 750km, 높이 8m에 달하는 거대한 장벽을 세웠어요. 사람은 물론이고 물품도 들어가지 못하게 통제하고 있죠.

노력하는 정치 운동을 시오니즘(Zionism)이라고 불러요. 국가를 세우기 위해 모금 운동을 하며 유대인은 단결하기 시작했죠.

유대인의 국가인 이스라엘을 건국하면서 아랍 국가들과의 싸움이 끊이지 않아요

팔레스타인 땅에는 오랫동안 유대인이 아닌 아랍인들이 살았어요. 제1차 세계대전 당시 영국은 아랍인들에게 오스만 제국에 저항하면 전쟁이 끝난 후 아랍 국가를 세우게 해주겠다고 약속했어요. 마찬가지로 유대인들에게도 자신들을 도와주면 팔레스타인 지역에 유대인 국가를 세우게 해주겠다고 큰소리쳤어요. 팔레스타인을 두고 아랍인과 유대인 모두에게 이중 약속을 한 거예요.

이때부터 아랍인과 유대인의 싸움이 시작되었어요. 1948년에 서방 국가들의 지원을 받은 유대인은 팔레스타인 지방에 살던 아랍인을 몰아내고 유대인 국가인 이스라엘을 건설했어요. 수천 년 살던 땅에서 갑자기 쫓겨난 아랍인들은 크게 반발했어요. 주변 아랍 국가들과 이스라엘은 네 차례에 걸쳐 전쟁을 했어요. 이스라엘은 미국의 지원을 받아 우수한 무기를 갖춘 강력한 군대로 팔레스타인 땅을 대부분 차지했어요.

3차 전쟁으로 요르단 서쪽과 가자지구에 살던 아랍인들은 고향이라 여기던 땅에서 갑자기 쫓겨났어요. 그들은 난민이 되어 주변 국가를 떠돌고 있어요. 지금도 팔레스타인에는 유대교와 이슬람교 사이에서 끊임없이 갈등이 일어나며 작은 전쟁이 계속되고 있어요. 종교적 대립이 이어지며 많은 사람이 힘들어하고 있어요.

가자지구에서 자행되는 인종 청소

2023년 10월 7일 팔레스타인의 하마스 군대가 이스라엘을 기습 공격해 1,400여 명을 살해하고 240명을 인질로 데려갔어요. 이후 이스라엘은 팔레스타인에 대한 무차별 폭격과 침략으로 3개월 만에 2만 5천 명의 사람을 죽였어요. 그중에서 70% 이상이 여성과 어린이 등 전투에 참여하지 않은 민간인이었죠.

이스라엘 군대는 군사 시설만이 아니라 병원과 학교, 종교 시설과 유엔 대피소 등 가리지 않고 폭격했고, 피난 중인 행렬에 총격을 가하기도 했어요. 이스라엘의 국방부 장관은 말했어요. "우리는 '인간 동물들(human animals)'과 싸우고 있다." 외교부 장관은 "지구 표면에서 가자를 삭제해야 한다"는 말까지 했어요.

이 같은 이스라엘의 무차별 학살에 미국과 영국 등 몇 나라를 제외한 국제 사회는 "가자 지구에 대한 인종 청소"라며 비판하고 있어요.

세계 시민 수업

물거품이 된 '두 국가 해법'

1993년 9월 13일 이스라엘의 이츠하크 라빈 총리와 팔레스타인해방기구의 야세르 아라파트 의장이 미국 빌 클린턴 대통령의 중재 아래 '두 국가 해법'을 따르기 위한 '오슬로 협정'을 맺었어요. 이스라엘과 팔레스타인의 오랜 갈등을 해소하기 위해 국제 사회가 제시한 해법이었죠.

두 나라가 각각 독립해 평화롭게 공존하자는 선택이었어요. 하지만 1995년 이츠하크 라빈 총리가 유대 극단주의자에 의해 암살당하면서 협정은 흔들렸어요. 이후 2001년 9·11 테러와 중동전쟁 이후 2006년 팔레스타인이 자치 정부(서안지구)와 하마스(가자지구)로 분열되면서 갈등은 더욱 심해졌어요. 이스라엘은 여전히 두 국가 해법을 거부하고 있어요.

시아파와 수니파는 왜 싸우나요?

같은 이슬람교도끼리 싸우는 이유

#시아파 #수니파 #사담_후세인
#이란-이라크_전쟁

사건명	이란-이라크 전쟁
발생일	1980년 9월 22일

시아파와 수니파의 갈등이 이란-이라크 전쟁으로 드러났어요

이라크의 통치자 사담 후세인은 1980년 기습적으로 이웃 나라인 이란을 공격했어요. 이란에서 일어난 혁명으로 중동 지역에서 이란의 영향력이 커질 것을 우려했기 때문이에요. 이라크와 이란은 모두 이슬람교를 믿는 국가인데요. 같은 이슬람교를 믿지만 두 나라는 종교적인 문제가 있었어요. 이란과 이라크는 이슬람교 중 시아파를 믿는 사람이 많아요. 이란은 국민 대부분이 시아파를 믿고 이라크도 국민의 70% 정도가 시아파예요.

문제는 이라크의 통치자인 사담 후세인이 시아파가 아닌 수니파였다는 점에서 시작돼요. 숫자가 적은 수니파 사람들이 나라를 통치했기 때문에 지배를 받는 시아파 사람들은 불만이 많았어요. 그래서 사담 후세인은 시아파 국가인 이란의 영향을 받아 국민이 저항할지 모른다고 생각했던 거죠. 여기에 샤트알아랍이라는 강을 차지하기 위해 이라크의 사담 후세인이 이란을 쳐들어간 거죠.

🎯 시아파와 수니파의 갈등은 끝이 보이지 않아요

우리에게 수니파와 시아파는 낯선 말이지만, 이슬람교를 믿는 사람들에게는 아주 중요한 말이에요. 이슬람교를 믿는다고 다 같은 이슬람교도라고 여기지 않아요. 이슬람교 중 시아파인지 수니파인지에 따라 서로 으르렁댈 때가 많기 때문이에요.

시아파 이란과 이라크의 국민 다수는 시아파 이슬람교도예요. 하지만 이슬람교를 믿는 수많은 국가 중에서는 소수에 해당하죠.

수니파 대부분의 이슬람 국가는 수니파에 해당해요. 수니파 국가들의 중심 역할을 하는 나라는 사우디아라비아예요.

시아파와 수니파의 대표 격인 이란과 사우디아라비아는 각자의 영향력을 키우기 위해 주변 국가들을 편 가르기 했어요. 여기에 영토와 석유와 물과 같은 자원 문제, 소수 민족과의 갈등과 외세의 개입이 더해지며 중동의 갈등이 깊어졌어요.

사우디아라비아의 도시 메카에 있는 카바 사원은 이슬람교도들의 성지예요. 이슬람교를 믿는 사람은 평생 한 번은 이곳에서 성지 순례를 해야 해요. 카바의 광장에는 '알-하자르 알-아스와드'라는 검은 돌이 있는데, 이것을 손으로 만지거나 입을 맞추어요.

이란을 공격하며 시작된 이란-이라크 전쟁은 8년 동안 100만 명이 넘는 사람들이 죽고 다치며 끝났어요

이란-이라크 전쟁은 이라크의 지배자 사담 후세인이 수니파였기 때문에 일어난 전쟁이죠. 전쟁에서 진 사담 후세인은 반발하는 시아파 국민을 잔인하게 죽였어요. 시아파 국민과 이란이 같은 편이라고 여겼기 때문이에요. 국민을 보호해야 할 정부군이 다른 종파라는 이유로 자국의 국민을 죽이는 일은 참으로 비극적이에요.

세계 시민 수업

시아파와 수니파가 갈라진 사연

이슬람교의 분파인 시아파와 수니파는 창시자인 무함마드의 후계자를 정하는 문제 때문에 갈라지기 시작했어요. 당시 무함마드의 사위인 알리를 따르는 사람들은 당연히 혈통에 따라 알리가 후계자가 되어야 한다고 생각했죠. 이들이 시아파예요. 하지만 회의를 통해 많은 이들의 신뢰를 받는 사람을 후계자로 선출하자고 주장하는 사람들도 많았어요. 이들이 수니파예요. 혈통은 특정 가문에만 흐르기 때문에 시아파는 소수이고, 수니파는 다수를 차지하게 되었죠.

스스로 몸에 상처를 내는 아슈라 축제

시아파가 후계자로 내세운 알리의 아들인 후세인은 수니파에게 참혹하게 죽임을 당했어요. 그때부터 시아파 사람들은 후세인의 죽음을 기억하기 위해 매년 아슈라 축제를 벌이고 있죠. 몸에 스스로 상처를 내고 통곡하며 수니파에 대한 복수를 다지는 축제예요. 1,500년 전 싸움이 오늘날까지 이어지며 시아파와 수니파는 원수지간이 되었어요.

신의 이름으로 사람을 죽인다고요?

이슬람교의 테러

#9·11 #9·11_테러 #이슬람교 #무슬림
#세계_무역_센터

사건명 **9·11 테러**
발생일 **2001년 9월 11일**

🔍 21세기의 시작과 함께 일어난 최악의 테러 사건

2001년 9월 11일, 미국 상공을 날던 비행기 4대가 테러범들에 의해 납치되었어요. 납치된 비행기는 뉴욕 맨해튼에 있는 세계 무역 센터에 충돌해 110층짜리 두 빌딩이 잿더미로 변했어요. 미국 국방부 본부인 펜타곤도 테러를 당했죠. 9·11 테러라 불리는 이 사건으로 2,977명이 목숨을 잃고 2만 5천 명 이상이 다쳤어요.

이후에 알카에다라 불리는 테러 조직의 우두머리인 오사마 빈 라덴은 녹화된 영상을 통해 자신이 이 테러를 저질렀다고 밝혔어요. 알카에다는 이슬람교를 믿는 폭력 집단이에요. 미국이라는 강대국의 심장부로 돌진해 수많은 생명을 앗아간 9·11 테러는 우리의 일상 어디에서든 테러가 일어날 수 있다는 공포심을 심어주었어요.

🔍 신의 이름으로 벌이는 범죄

9·11 테러를 일으켰다고 주장하는 알카에다와 IS는 대표적인 테러 집단이에요. 이들은 자신들의 테러 행위를 성스러운 전쟁인 성전(聖戰)이라고 주장해요. IS는 2014년에 이슬람 신

정국가를 건설하겠다며 등장했어요. 그들은 수많은 기자와 외국인을 납치해 인질로 삼았어요. 심지어 사람의 목을 자르는 참수 영상을 인터넷에 공개하며 잔혹성을 들어 내기도 했어요. 이슬람의 이름으로 전 세계를 공포에 몰아넣는 그들의 테러 행위가 정말로 신을 위한 전쟁일까요?

'지하드'라는 말이 있어요. 우리나라 표준국어대사전에서 "성스러운 전쟁(성전)이라는 뜻으로 이슬람교 신앙을 전파하거나 방어하기 위하여 벌이는 다른 종교와의 투쟁을 이르는 말"이라고 나와요. 이슬람교도의 의무가 다른 종교를 가진 이들과 싸워야 한다고 오해하기 쉬워요. 하지만 지하드는 많은 이슬람교도가 사용하는 언어

테러범들은 비행기를 납치해 뉴욕의 세계 무역 센터 건물에 충돌했어요.

인 아랍어로 '노력'이라는 뜻이에요. 이슬람교도로서 지켜야 하는 신념을 의미하는 말이에요.

지하드는 기독교의 은혜(은총)나 유대교의 티쿤 올람(세상을 개선하기 위한 노력)처럼 정의롭고 평등한, 더 좋은 세상을 만들기 위한 노력을 가리켜요. 수백 년 동안 많은 이슬람교도 부모는 아들에게 지하드라는 이름을 지어주었어요. 그만큼 지하드라는 말은 좋은 의미가 있어요.

테러는 범죄일 뿐이에요

신의 이름으로 성스러운 전쟁을 한다는 테러리스트들의 주장은 터무니없어요. 그저 범죄에 불과해요. 자신들의 범죄를 이슬람교의 역사에서 필요한 부분만 떼어 합리화한 것이죠. 이슬람교는 1,400년의 역사에서 투쟁의 시간을 갖기도 했어요. 오늘날 튀르키예가 된 오스만 제국이 건설되는 과정에서 이슬람교는 중요한 역할을 했어요. 하지만 11세기에서 13세기 동안 이슬람교도는 유럽 십자군의 공격을 받아 고통의 시간을 보냈어요. 이후 몽골의 침략으로 오스만 제국은 멸망했어요.

세계 무역 센터 건물이 무너진 자리에 지금은 그때의 희생자들을 기리는 기념 공원이 지어졌어요.

    오늘날 튀르키예를 비롯한 서아시아 일대에 수많은 이슬람 국가가 세워지고 멸망하기를 반복했어요. 이 과정에서 이슬람교도는 유럽의 십자군 공격을 받으며 200년이 넘는 기간 동안 전쟁을 벌이기도 했는데요. 이후 몽골의 침략까지 더해지며 이슬람 사회에서는 지하드를 공격적으로 해석하기 시작했어요. 지하드가 외세의 침략에 저항하는 신을 위한 전쟁이라는 생각으로 발전한 거죠. 기독교를 믿는 서구 유럽에 의해 이슬람교에 대한 나쁜 이미지도 이때 생겨났어요. 하지만 인류 역사에서 정복과 투쟁의 과정은 수도 없이 많이 일어난 일이에요.

이슬람교는 평화의 종교

세계 시민 수업

이슬람교는 전 세계 78억 인구 중 약 20억 명이 믿는 종교예요. 기독교 다음으로 신자가 많죠. 이슬람교를 믿는 사람들을 무슬림이라고도 해요. 사실 이슬람교는 평화를 사랑하는 종교예요. 이슬람교의 경전인 《쿠란》의 5장 32절에는 생명의 소중함을 가르치고 있어요. "너희가 부당하게 한 생명을 죽인다면, 그것은 모든 생명을 살해하는 것과 같다." 테러리스트는 이러한 이슬람교의 가면을 쓴 범죄자일 뿐이에요. 나의 작은 행동을 통해서도 세상을 더 평화롭게 만들 수 있다는 것을 잊지 말아요.

예멘, 하나의 나라에 정부가 2개라고요?

예멘 내전

#난민 #예멘 #예멘_내전 #예멘_난민
#난민_인정 #인도적_체류_허가

사건명	후티 반군의 수도 사나 장악
발생일	2014년 9월 21일

📍 한때 평화롭고 풍요로웠던 나라에서 온 낯선 사람들

몇 년 전 제주도에 500명이 넘는 예멘 사람들이 한꺼번에 들어온 적이 있었어요. 예멘은 우리에게 낯선 나라인데요. 자신들의 나라에서 전쟁이 계속되고 있어 국가를 떠날 수밖에 없었다고 해요. 이들 때문에 사람들은 예멘이라는 나라에 관심을 갖게 되었죠.

예멘은 중동의 사우디아라비아 반도 가장 아래쪽에 위치한 작은 나라예요. 홍해와 페르시아만, 아라비아해에 둘러싸인 예멘은 아시아에서 유럽과 아프리카로 연결되는 중요한 지점에 있어요. 이런 위치로 인해 오랫동안 무역의 중심지로 발달했죠. 우리에게 익숙한 《아라비안 나이트》의 무대가 주로 예멘이었다고 해요. 그 정도로 상업이 발달한 풍요로운 나라였어요. 종교적으로도 이슬람교가 전파된 평화로운 곳이었어요.

📍 여행을 금지할 정도로 위험한 나라가 된 예멘

물자가 풍부하고 평화롭던 과거의 예멘을 지금은 상상하기 힘들어요. 오랫동안 전쟁이 계속되고 있기 때문이에요. 우리나라에서도 예멘은 '여행 금지 국가'로 분류되어 국민이 여행하지 못하도록 권하는 나라가 되었어요. 여행하면 목숨이 위태로울 수 있는 나라라니, 예멘이 지금과 같은 상황으로 바뀐 이유는 무엇일까요? 바로 국가 내에서 일어난 전쟁(내전) 때문이에요.

예멘은 오늘날 튀르키예의 옛 국가인 오스만 제국의 지배를 받고 있었어요. 그러던 중 남쪽의 아덴 지역이 바닷길을 이용한 무역의 중심지로 중요해지자 영국이 이 지역을 차지했어요. 이렇게 북쪽은 오스만 제국이, 남쪽은 영국이 지배하며 예멘은 남북으로 나뉘게 되었어요. 우리가 남북으로 분단되었듯이 예멘도 북예멘과 남예멘으로 두 나라가 세워졌어요. 남예멘과 북예멘은 전쟁을 벌이기도 했지만, 결국 통일되었어요. 하지만 사람들의 마음까지 통일되지는 못했어요. 통일 후 권력을 잡은 알리 압둘라 살레 대통령은 33년간 독재 정치를 해오다 2011년 벌어진 '아랍의 봄' 민주화 시위로 권좌에서 쫓겨났어요.

예멘이라는 하나의 땅에 2개의 정부가 들어섰어요

살레 대통령의 독재 정치 기간에 북예멘에서는 후티라는 이름의 장군이 군대를 만들었어요. 이들은 석유 가격이 지나치게 올라 국민의 삶이 힘들어지는 것을 비판하며 시위를 벌였어요. 후티를 지지하는 사람들이 늘어나면서 후티의 군대는 세력이 커졌어요. 정부 군인이었던 많은 사람이 후티 군대에 들어가면서 후티 군대의 군사력은 막강해졌죠.

예멘은 화려한 이슬람 문화를 자랑하는 유서 깊은 나라예요.

쫓겨난 살레 대통령의 뒤를 이은 하디 대통령도 크게 다를 바가 없었어요. 후티 군대는 하디 대통령을 비판하며 정부에 저항했어요. 정부군과 전쟁을 벌이며 세력을 넓혀갔죠. 정부에 반대하는 군대를 반군이라고 해요. 국제 사회는 이들을 후티 반군이라 불러요.

후티 반군은 예멘 수도인 사나를 점령하고 대통령인 하디를 몰아내고 정부를 세웠어요. 하디는 남쪽인 아덴에 임시 수도를 세우고 후티 반군과 싸우고 있어요. 국제 사회는 하디 정부를 예멘의 공식 정부로 인정하며, 후티 반군을 인정하지 않고 있어요.

주변의 시아파와 수니파 국가들까지 합세해 끝이 보이지 않는 예멘 내전

예멘은 이슬람교 국가인데, 후티 반군은 시아파 이슬람교도예요. 하디 정부군은 수니파를 믿어요. 후티 반군이 예멘을 완전히 장악하면 예멘은 시아파 국가가 되죠. 예멘의 바로 위에 있는 사우디아라비아는 수니파 국가들의 중심 역할을 해요. 그래서 예멘이 시아파 국가가 되는 것을 막으려고 해요. 반면에 이란은 시아파가 국가의 핵심 역할을 하죠. 이 두 나라를 중심으로 주변 나라까지 가세하면서 예멘 내전은 끝날 기미를 보이지 않고 있어요. 현재 예멘 인구의 절반 이상이 굶어 죽을 위험에 처해 있어요. 학교나 도로가 파괴되고 언제 목숨을 잃을지 모르는 상황이에요.

제주도에 온 예멘 사람들 **세계 시민 수업**

2018년 예멘 사람 561명이 우리나라에 입국해 그중 549명이 "난민으로 인정해달라"고 신청했어요. 이들은 전쟁을 피해 살기 위해 제주도로 왔죠. 당시 우리나라 사람들은 이들을 믿을 수 없다며 크게 반발했어요. 인종 차별적 발언도 극심했고, 가까스로 입국한 예멘 사람들에게 폭력을 가하기도 했죠. 우리나라 정부는 그중에서 단 2명만 난민으로 인정하고, 412명은 인도적 체류 허가를 해주었어요.

난민 인정과 인도적 체류 허가

난민은 한 사회의 구성원으로 완전히 받아들이는 것인 반면, 인도적 체류 허가는 임시로 머무는 것만 허락하는 제도예요.
난민은 사실상 계속 머물 수 있지만, 인도적 체류 허가를 받으면 1년에 한 번씩 자격 심사를 받아야 해요. 난민은 취업에 제한이 없고, 각종 사회 보장 혜택과 교육을 받을 수 있으며, 가족을 불러올 수 있어요. 하지만 인도적 체류 허가자는 단순 노무직 일만 할 수 있고, 가족을 불러올 수 없어요.

세상을 울린 3세 난민 어린이의 죽음

시리아 난민

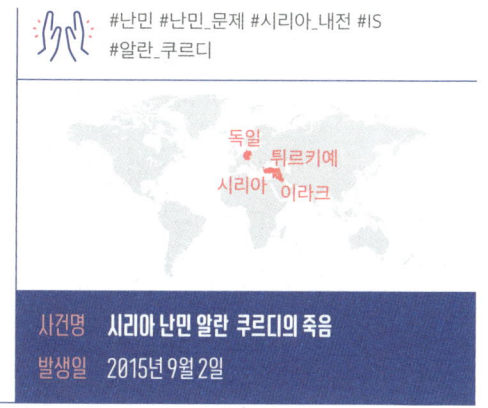

#난민 #난민_문제 #시리아_내전 #IS #알란_쿠르디

사건명	시리아 난민 알란 쿠르디의 죽음
발생일	2015년 9월 2일

고향을 등지고 떠나는 사람들

2015년 9월 2일, 튀르키예의 한 해변에서 작은 남자 어린이의 시체가 발견되었어요. 빨간 티셔츠를 입은 이 어린이는 알란 쿠르디라는 이름의 세 살배기 시리아 아이였어요. 시리아에서 일어난 전쟁을 피해 가족과 함께 다른 나라로 가려고 탄 배가 뒤집혀 다섯 살 형 갈리프와 쿠르디, 그리고 엄마가 모두 목숨을 잃었죠. 모래에 얼굴을 묻고 잠든 듯한 쿠르디의 모습은 비극적인 죽음과 달리 평화로운 천사와 같았어요.

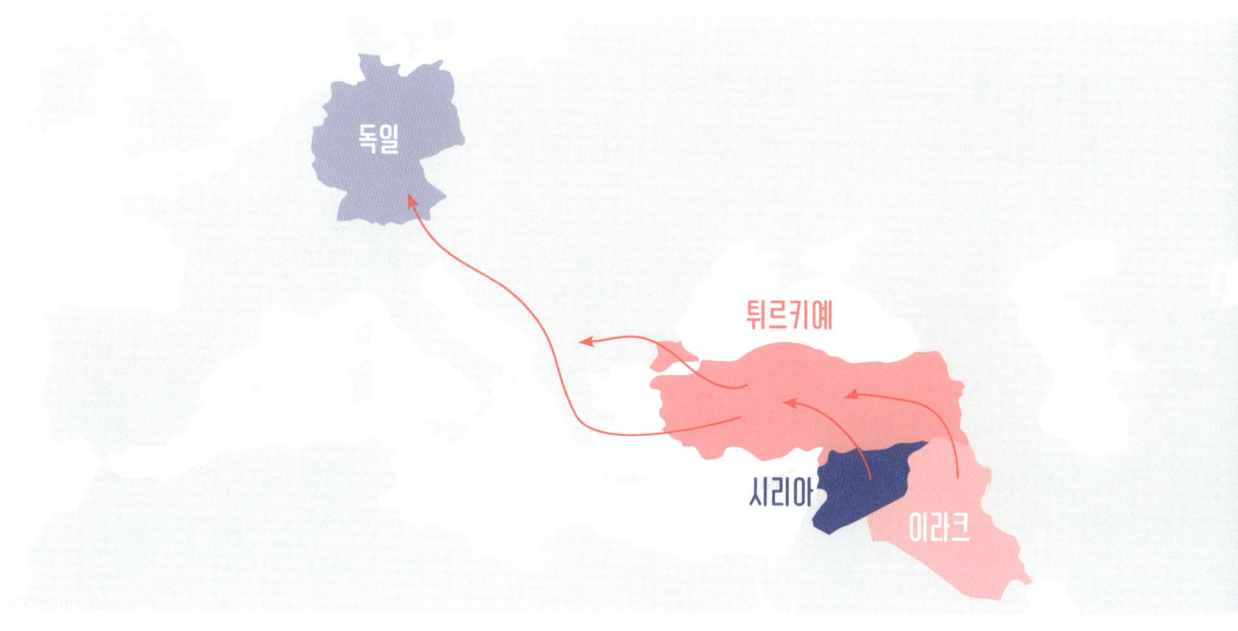

6부 | 종교 179

10년 넘게 시리아 내전이 이어지면서 지금도 시리아 사람들은 목숨 걸고 자신의 나라를 탈출하고 있어요.

쿠르디의 죽음은 전 세계인에게 큰 충격을 주었어요. 난민 문제와 인권에 대한 관심을 크게 불러일으켰어요. 시리아 사람들은 10년 넘게 지속된 전쟁으로 목숨을 걸고 자신의 국가를 탈출하고 있는 상황이에요.

민주주의를 요구하는 '아랍의 봄'

2011년 튀니지에서는 독재 정치를 거부하는 시민들의 시위가 시작되었어요. 이 시위는 알제리와 이집트를 거쳐 중동 국가 전역으로 퍼져 나갔어요. 이러한 아랍 지역의 민주화 운동을 '아랍의 봄'이라 불러요. 시위에 참여한 시민들은 국가의 주인은 국민이라며 민주주의 국가를 요구했어요.

이집트 등에서 독재자가 물러나기도 했지만, 시리아의 상황은 달랐어요. 시리아에서 학생들이 대통령을 비판하는 낙서를 했는데, 정부는 이 학생들을 잡아다가 고문했어요. 이 사실이 알려지자 시민들은 학생들을 풀어달라는 시위를 했고, 정부는 이들을 향해 총을 쏘며 폭력적으로 진압했어요. 정부의 강경한 태도에 시리아 국민은 화가 나 시위는 더욱 거세졌고 전국적으로 확대되었죠.

📍 21세기 최악의 전쟁터, 시리아

정부가 국민을 향해 총을 쏘자, 시위대도 총을 들고 맞서기 시작했어요. 한 국가 내에서 같은 국민끼리 하는 전쟁을 내전이라고 해요. 시리아에서는 정부군과 정부에 반대하는 반군 시위대 사이에 내전이 일어난 거죠. 반군이 정부군을 이기며 대통령을 몰아내려 하자 정부는 급기야 화학무기까지 동원하며 총공격에 나섰어요.

정부군은 러시아를 끌어들여 반군을 공격하고, 미국과 튀르키예 등 주변 국가도 개입했어요. 여기에 이슬람 무장 단체 IS가 개입하고, 시아파와 수니파의 종교 갈등까지 더해져 전쟁은 혼돈의 양상이 되었죠. 누가 적인지, 우리 편인지 알 수가 없는 상황에서 서로가 서로를 믿지 못하고 총부리를 겨누며 폭탄을 쏘아대는 상황이 되었어요.

📍 잿더미 속에서 여전히 희망을 꿈꾸는 시리아 사람들

시리아 내전이 일어난 지 벌써 10년이 넘어가고 있어요. 그동안 38만 명이 넘는 사람들이 목숨을 잃었어요. 560만 명의 사람들이 전쟁의 공포에서 벗어나기 위해 주변 나라로 탈출했죠. 그중에 이제 고작 세 살 된 쿠르디가 있었던 거예요. 울면서 걷고 또 걸으며, 또는 위태로운 배에 꾸역꾸역 올라타 거친 풍랑과 싸워가며 시리아 사람들은 고향을 떠나고 있어요. 하지만 이들을 환영하는 곳은 세상 어디에도 없었죠. 쿠르디 가족도 캐나다에 가고자 했지만, 캐나다 정부로부터 거절당했어요. 결국 할 수 없이 몰래 배를 타고 지중해를 건너 유럽으로 가려다가 배가 뒤집혀 변을 당했어요.

폐허가 된 시리아에는 여전히 사람들이 살고 있어요. 눈물과 한숨 속에 공포에 떨며 전쟁이 끝나는 날을 기다리고 있죠. 이들에게 우리 모두의 관심이 절실히 필요해요.

🔍 이슬람국가 IS

흔히 IS라고 부르는 이슬람국가(Islamic State)는 이라크-레반트 이슬람국가(Islamic State of Iraq and the Levant, ISIL), 이라크-시리아 이슬람국가(Islamic State of Iraq and Syria, ISIS) 또는 다에시(Daesh)라고도 불려요. 1999년에 처음 조직되어 2014년부터 이라크 북부와 시리아 동부를 차지하고 스스로 국가라고 주장하는 수니파 이슬람 원리주의 무장 단체예요. 이들은 이슬람 근본주의 국가를 건설한다면서 테러와 민간인 학살, 약탈 등을 일삼아요.

하나의 섬이 2개의 나라가 되었다고요?

북아일랜드 분쟁

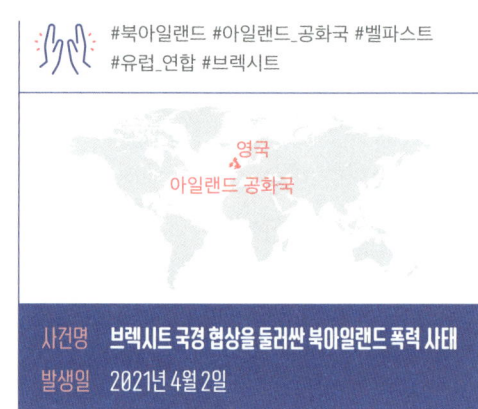

#북아일랜드 #아일랜드_공화국 #벨파스트
#유럽_연합 #브렉시트

사건명 브렉시트 국경 협상을 둘러싼 북아일랜드 폭력 사태
발생일 2021년 4월 2일

📍 **영국은 유럽 연합을 탈퇴하면서 북아일랜드는 그대로 두었어요**

얼마 전 북아일랜드 사람들이 거리로 나와 시위를 했어요. 이들은 시위를 막아서는 경찰차에 화염병을 던지는 등 폭력적인 모습을 보였는데요. 일주일 이상 계속된 시위로 80명 이상의 경찰이 다치기도 했어요. 이들이 격렬하게 시위한 이유는 영국의 브렉시트 때문이었어요.

브렉시트는 영국이 유럽 연합에서 탈퇴한 것을 말해요. 북아일랜드도 영국의 한 지방이기 때문에 유럽 연합에서 탈퇴해야 하죠. 하지만 영국은 북아일랜드는 유럽 연합에 그대로 두기로 했어요. 시위를 한 사람들은 영국과 한 나라임을 주장하는 사람들이었어요.

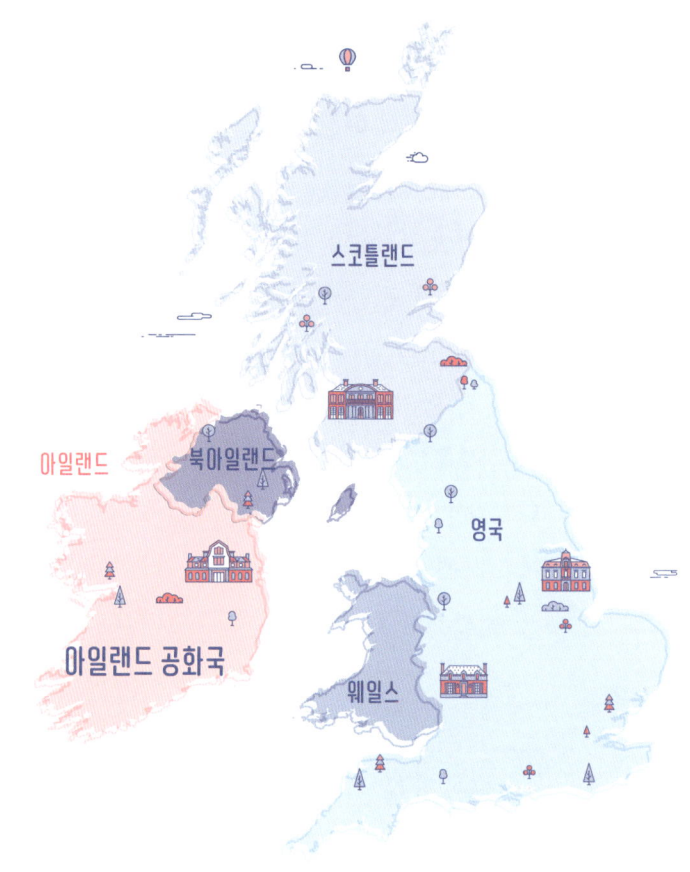

📍 영국은 신교도들을 이주시켜 원주민과 갈등의 씨앗을 뿌렸어요

아일랜드와 영국의 관계는 역사가 깊어요. 16세기에 영국 왕은 아일랜드를 침공했어요. 아일랜드를 영국 땅으로 만들기 위해 영국인들을 이주시켰죠. 그전까지 아일랜드는 가톨릭교를 믿는 사람들이 주로 살았어요. 하지만 영국은 종교 개혁을 통해 새로 등장한 신교를 주로 믿어요. 영국은 아일랜드에 신교를 믿는 사람들을 대거 이주시켰어요.

영국에서 온 신교도들은 많은 토지를 차지하고 정치권력을 장악해 원래 이 땅에 살던 주민들과 심한 갈등을 빚었어요. 표면적으로는 종교 갈등이지만, 내부적으로 보면 영국의 식민지 지배에 대한 아일랜드 원주민의 반발이라는 성격이 짙어요.

20세기에 들어 아일랜드는 영국에서 독립했어요. 영국에서 온 신교도가 많은 북부 지역만 영국 영토로 남았죠. 아일랜드섬의 북부는 북아일랜드로 남아 영국 영토이고, 나머지 80% 지역은 아일랜드 공화국이에요.

오래전부터 북아일랜드 땅에서 살았던 사람들은 갑자기 영국 국적의 국민이 되어버렸어요. 이들은 가톨릭교를 믿는다는 이유로 거주 지역이나 직업 선택, 교육 등에서 차별을 받았어요. 정치적으로도 소외되어 불만이 커졌어요. 1972년 1월 30일 일요일, 북아일랜드 내의 가톨릭교도들은 영국계 신교도와 동등한 권리를 요구하며 대규모 시위를 벌였어요. 영국은 공수부대를 파견해 비무장 평화 시위를 하는 민간 시위대를 향해 총을 쐈어요. 14명의 가톨릭교도가 죽고 15명이 다친 이 사건을 '피의 일요일 사건'이라고 불러요.

📍 북아일랜드에서 신교도와 구교도의 갈등이 첨예했어요

영국에서 벗어나기를 원하는 아일랜드 사람들은 아일랜드 공화국군(IRA)을 만들어 신교도들과 대립했어요. 1960년대부터 시작된 이 싸움은 30년간 계속되었어요. 납치와 테러, 살인이 벌어지며 3,500여 명이 죽고, 5만 명이 다쳤어요. 이런 갈등은 1998년 벨파스트(북아일랜드의 도시) 합의로 간신히 봉합되어 평화가 찾아오는 듯했어요. 하지만 북아일랜드에는 여전히 구교와 신교 지역을 가르는 높은 담장이 놓여 있어요.

유럽 연합에서 탈퇴한 영국

세계 시민 수업

영국은 2020년부터 유럽 연합(EU)에서 탈퇴했어요. 영국(Britain)과 탈퇴(exit)를 합쳐서 이를 브렉시트(Brexit)라고 해요. 영국은 유럽 연합을 탈퇴하면서 북아일랜드만 유럽 연합에 남겨두었어요. 이 때문에 영국에서 멀어질까 두려워하는 신교도들과 이참에 영국으로부터 독립하길 원하는 구교도들의 폭력 시위가 다시 나타나고 있어요.

 하나 된 유럽, 유럽 연합

유럽 연합은 오랫동안 단일한 공동체를 만들기 위해 노력했던 유럽 국가들이 1993년 설립한 통합체예요. 지금은 27개 나라가 가입되어 있는데, 사람이나 물자 등이 하나의 나라 안에서 이동하듯 자유롭게 교류할 수 있죠. 또 '유로'라는 통화를 만들어서 경제 공동체의 역할도 해요.

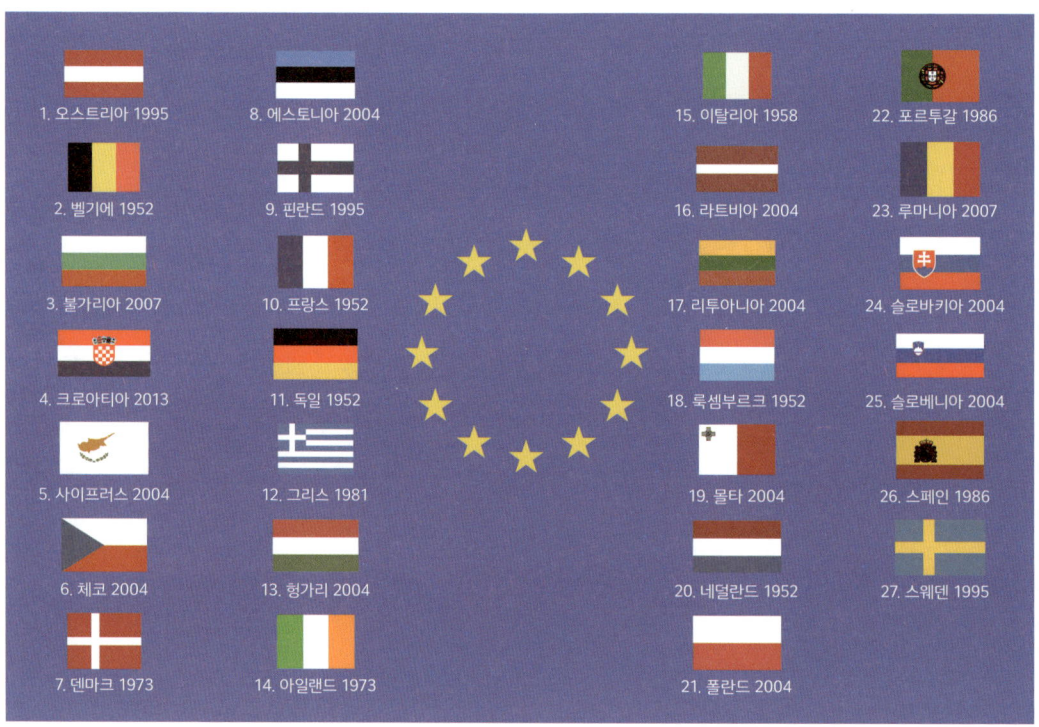

힘으로 정치권력을 차지해도 되나요?

탈레반의 정치권력 장악

#아프가니스탄 #탈레반 #오사마_빈_라덴
#실크로드 #바미얀_석불

사건명 | 탈레반의 아프가니스탄 점령
발생일 | 2021년 8월 15일

📡 탈레반 이야기

1979년에 소련이 아프가니스탄을 침략했어요. 당시 소련은 공산주의 국가를 이끄는 가장 큰 나라였어요. 민주주의 국가의 중심이었던 미국과 라이벌 관계였죠. 소련의 영향력이 커지는 것이 두려웠던 미국은 소련에 맞서는 아프가니스탄 청년들에게 무기를 지원했어요. 이들은 미국의 지원을 받으며 험악한 산세를 이용해 결국 소련을 물리쳤죠. 소련을 물리친 이들을 '탈레반'이라고 불렀어요.

국민의 지지를 받게 된 탈레반은 나라의 주인이 되고 싶었어요. 군사력을 사용해 정치권력을 잡았어요. 이슬람 율법에 따라 나라를 다스린다면서 인권을 탄압했어요. 범죄를 저지른 사람의 손을 자르고, 돌팔매질로 처벌했어요. 여성은 학교에 다닐 수 없고, 부르카라는 옷으로 온몸을 가려야 밖에 나갈 수 있다고 명령했어요. 사람들은 탈레반의 폭력 정치로 공포에 떨며 살아야 했어요.

아프가니스탄은 여러 나라에 둘러싸인 다민족 국가예요. 유럽과 아시아 대륙의 중앙에 위치해 예전부터 교통의 중심지였어요.

📍 권력은 정당하게 차지해야 해요

2001년 9월 11일 탈레반은 9·11 테러를 일으켰어요. 미국은 테러를 일으킨 인물인 오사마 빈 라덴을 잡기 위해 아프가니스탄을 공격했어요. 20년 동안 미군은 아프가니스탄에 머물며 탈레반 정부를 무너뜨렸지만, 탈레반을 완전히 없애지는 못했어요. 결국 2021년 미국 대통령은 아프가니스탄에서 미군을 철수하겠다고 밝혔어요. 그러자 탈레반 세력은 군사적 행동을 취해 국가 대부분을 점령하고 수도인 카불을 압박했어요. 아프가니스탄 대통령은 항복을 선언하고, 해외로 달아나버렸죠.

탈레반은 카불의 대통령궁을 점령했어요. 과거에 탈레반이 잔인하게 통치했던 것을 사

탈레반은 2001년까지 아프가니스탄을 통치했어요.

바미얀 석불이 있던 자리

탈레반은 종교를 이유로 인류의 위대한 불교 유적인 바미얀 석불을 파괴했어요.

람들은 생생히 기억하고 있었어요. 탈레반이 다시 권력을 잡게 되자 국민은 공포에 떨며 나라에서 탈출하려 공항으로 몰려들었어요. 하늘에 오르는 비행기에 필사적으로 매달렸던 사람들이 떨어져 죽기도 했어요. 죽음을 각오하고서라도 탈레반 통치에서 벗어나려는 아프가니스탄 국민의 절규에 전 세계 사람들은 안타까워했어요.

　민주주의는 나라의 주인이 국민인 정치 체제예요. 선거를 통해 국민의 지지를 얻어야 정당하게 정치권력을 갖고 나라를 운영할 수 있어요. 선거는 법에 따라 이루어지기 때문에 평화적이죠. 하지만 탈레반이 대통령궁을 점령하고 정치권력을 잡은 것은 정당하지 않아요. 국민의 생각을 무시하고 탈레반이 폭력적인 군사력으로 권력을 잡았으니까요.

다양한 민족이 사는 아프가니스탄

세계 시민 수업

비행기가 없던 시절 상인들은 아프가니스탄을 통해 동서양의 문물을 교류했어요. 이런 이유로 아프가니스탄은 종교와 인종, 언어가 다양해요. 지리적인 이유로 다채로운 문화가 만들어졌지만, 교통의 중심지였기에 외세의 침략을 받기도 쉬웠어요. 험준한 산지가 많아 국가 내부적으로도 분열되어 있었죠. 현재는 문화가 다른 14개의 민족이 살고 있어요. 국민을 통합할 수 있는 지도자가 없어 아프가니스탄의 정치는 불안정할 수밖에 없었어요.

나라 이름에 붙은 -스탄

중앙아시아 지역의 지도를 살펴보면 재미있는 걸 발견할 수 있어요. 나라 이름들이 '-스탄'으로 끝나는 거죠. 파키스탄, 아프가니스탄, 우즈베키스탄, 키르기스스탄, 타지키스탄, 투르크메니스탄, 카자흐스탄의 일곱 나라가 '스탄'으로 끝나요. 또 투르키스탄, 발루치스탄, 다게스탄, 누리스탄, 쿠르디스탄의 다섯 지역은 국가로 인정받지 않은 곳들이에요. 'stan'은 페르시아어로 지역, 장소, 땅, 나라 등을 의미해요. 그래서 아프가니스탄은 '아프간 민족들의 땅', 카자흐스탄은 '카자흐 민족들의 땅' 같은 식으로 이해할 수 있죠.

오사마 빈 라덴

사우디아라비아에서 태어난 테러리스트예요. 그는 소련이 아프가니스탄을 침략하자 아프가니스탄으로 넘어가 활동했어요. 이후 사우디아라비아로 돌아와 '알카에다'라는 국제적인 테러 조직을 만들었어요. 알카에다는 미국이 이슬람 국가에 대한 영향력을 넓히는 것에 반대하며 수많은 테러를 일으켰어요. 2001년에는 9·11 테러를 일으켜 전 세계의 주목을 받았어요. 미국은 아프가니스탄에 주둔하며 끈질긴 추적으로 결국 오사마 빈 라덴(1957~2011)을 공격해 죽였어요.

꼬마 세계 시민을 위한
사회 개념어 수업

한 단어

경제 인간이 살아가는 데 필요한 물건을 만들고 팔고 사용하는 모든 활동, 나아가 그런 활동이 이루어지는 모든 사회적 관계를 말해요.
> 예 사람들이 시위 장소로 월가를 선택한 이유는 이곳이 세계 경제의 심장과 같은 곳이기 때문이에요. (110쪽)

거식증 먹는 것을 싫어하거나 두려워해서 병적인 수준으로 거부하는 증상을 말해요.
> 예 음식을 먹으면 안 된다는 강박의식이 음식을 거부하는 거식증으로 이어졌죠. (85쪽)

공화국 왕이 아니라 국민에게 주권이 있는 나라를 말해요. 국민은 투표로 대표자나 대표 기관을 뽑아 정치를 하도록 하죠. 민주주의를 더 강조하기 위해 '민주 공화국'으로 부르는 경우도 많아요. 물론 이름은 '공화국'이라고 해놓고 독재 정치를 하는 나라들도 있어요.
> 예 무퀘게 원장과 의료진은 이 여성을 치료하면서 콩고 민주 공화국에서 벌어지는 충격적인 일을 알게 되었어요. (81쪽)

다문화 주로 나라처럼 한 사회 안에서 여러 민족이나 여러 나라의 문화가 섞여 있는 상태를 말해요. 그 사회를 구성하는 사람들이 다양한 지역과 민족 출신으로 되어 있다는 의미예요.
> 예 이민자들을 침략자라 여기고, 이들이 자신들의 땅에 들어오도록 한 정치인에게 분노했어요. 다문화를 반대하고 백인 순수 사회를 만들자는 생각이었죠. (141쪽)

무장 총, 칼 등 무기나 보호구 같은 전투 장비를 갖춘 상태를 뜻해요. 가끔 마음가짐을 단단히 먹을 때도 '정신 무장' 같은 식으로 무장이라는 표현을 써요.

예 인도는 독립운동을 하는 이들의 테러를 막겠다며 이곳에 무장 군인을 주둔시켰어요. (166쪽)

민간인 주로 정부에서 일하는 관리나 군인이 아닌 보통 사람을 말하는데, 군인에 대비해서 주로 사용하는 표현이에요.

예 이스라엘은 팔레스타인에 대한 무차별 폭격과 침략으로 3개월 만에 2만 5,000명의 사람을 죽였어요. 그중에서 70% 이상이 여성과 어린이 등 전투에 참여하지 않은 민간인이었죠. (168쪽)

복지 사람뿐 아니라 동물과 식물 등 지구의 모든 생명이 편안하고 안전하게 살아가는 것을 뜻해요.

예 동물 복지와 식품 위생, 환경 보호를 위해 공장식 축산은 줄어들고 있어요. (18쪽)

아랍 아시아 서남부의 페르시아만, 인도양, 아덴만, 홍해에 둘러싸여 있는 지역을 말해요. 대부분 사막이고 석유가 많이 매장되어 있어요. 사우디아라비아, 쿠웨이트, 예맨 등의 나라가 있어요. 아라비아 지역이라고도 말해요.

예 이집트의 광장에서 시작된 '아랍의 봄'은 독재 정치를 없애자는 목소리였어요. (111쪽)

원주민 어떤 지역에 오래전부터 살고 있던 사람을 뜻하는 말이에요.

예 표면적으로는 종교 갈등이지만, 내부적으로 보면 영국의 식민지 지배에 대한 아일랜드 원주민의 반발이라는 성격이 짙어요. (183쪽)

인도주의 사람의 존엄성을 가장 중요한 가치로 내세우는 사상이에요. 사람의 생명과 건강, 행복 등을 국가나 민족, 종교 등의 다른 가치보다 우선시해요.

예 독일은 과거 나치에 의한 유대인 학살의 책임과 인도주의 가치를 내세우며 난민을 받아들였죠. (153쪽)

중동 흔히 파키스탄부터 이란, 이라크, 사우디아라비아, 아프가니스탄 등 서아시아 지역을 이르는 말이에요. 유럽인의 관점에서 극동과 근동 사이에 있다고 해서 중동이라고 불려왔어요. 극동은 동아시아, 근동은 시리아, 요르단, 이집트가 있는 곳을 가리켜요. 유럽의 관점에 따라 붙여진 이름이라 서아시아로 부르는 사람도 많아요.
예 2001년 9·11 테러와 중동전쟁 이후 2006년 팔레스타인이 자치 정부(서안지구)와 하마스(가자지구)로 분열되면서 갈등은 더욱 심해졌어요. (169쪽)

지속 가능   어떤 상태나 과정을 변함없이 같은 조건으로 유지할 수 있는 능력을 말해요. 즉 '지속 가능한 발전'이라고 하면, 발전이 멈추거나 물러서지 않고 오랫동안 지속적으로 유지된다는 뜻이에요.
예 지속 가능한 여행으로 여행자와 현지 주민 모두가 행복할 수 있어요. (113쪽)

탄소 중립   공장 가동이나 자동차와 비행기 운행, 가축의 배변 등 인간이 관여된 모든 활동에서 배출되는 이산화탄소의 양을 줄이고 흡수량을 늘려 배출량(+)과 흡수량(-)의 합계(순배출량)가 0이 되는 것을 말해요.
예 2030년까지 재생 에너지 비중을 80%까지 늘리고 2045년에는 완전한 탄소 중립을 이루겠다는 목표를 향해 나아가고 있어요. (21쪽)

테러   폭력을 써서 상대편을 위협하거나 공포에 빠뜨리는 행위를 말해요. 주로 정치적인 목적을 위해서 이루어지는 경우가 많아요.
예 말랄라는 생명의 위협을 느낄 정도의 테러를 당했지만 두려워하지 않았어요. (51쪽)

편견   공정하지 못하고 한쪽으로 치우친 생각을 말해요. 이미 마음속에 가진 고정된 생각인 선입견처럼 한쪽 편으로 치우쳐 있는 잘못된 시각이에요.
예 여자는 교육받을 필요가 없다는 편견도 비문해율을 높이는 데 한몫해요. (70쪽)

평등   개인의 권리와 의무, 자격 등이 고르고 정의롭게 주어진 것을 말해요. 재산, 학력, 나이, 성별, 피부색 등 특정한 조건에 따라 사람을 차별하지 않는 것을 평등하다고 해요.
예 자유와 평등의 민주주의가 미얀마의 모든 민족에게 찾아올 날을 기대해요. (161쪽)

두 단어

가난 vs. 빈곤

가난 주로 경제적으로 부족하거나 없는 상태를 말해요. 충분한 소득이나 자원이 없어 기본적인 생활의 필요를 갖추지 못하고 있지요.

예 부자 나라가 버리는 쓰레기를 가난한 나라가 떠맡는 셈이죠. (27쪽)

빈곤 삶에서 경제적 결핍뿐만 아니라 사회적·문화적 요인들도 저하된 상태를 말해요. 빈곤은 지속적이고 구조적인 문제로, 단순히 경제적으로 지원한다고 해서 해결되기 어려워요.

예 빈곤은 가난으로 삶에 필요한 자원이 부족한 상태를 말해요. (124쪽)

개발 vs. 발전

개발 발전을 위해 토지나 자원을 인간에게 유용하게 만드는 것, 산업이나 경제를 발전시키는 것을 말해요. 새로운 물건을 만들거나 생각을 내놓는 것도 개발이라고 해요.

예 아마존 열대 우림 지역을 개발해 농업을 발달시키고, 나무를 베어 팔고 금을 캘 수 있도록 했죠. (38쪽)

발전 지금보다 더 나은 상태나 높은 단계로 나아가는 것을 말해요. 경제적인 상황뿐 아니라 사람에게도 쓸 수 있어요.

예 보우소나루 대통령은 브라질의 경제를 발전시키겠다면서 환경 보호를 위한 규제를 풀었어요. (38쪽)

거래 vs. 무역

거래 일정한 대가를 주고 물건을 사고파는 행위를 말해요.

예 지금도 세계에서는 매년 100만 명 이상의 어린이가 물건처럼 거래돼요. (60쪽)

무역 사람과 사람이 아니라 지역과 지역, 나라와 나라가 거래하는 것을 말해요.

예 공정 무역 제품을 사는 것은 더 좋은 세상을 만드는 소비 방식이라서 '착한 소비' 또는 '윤리적 소비'라고 불러요. (108쪽)

공정 vs. 정의

공정 어느 한쪽에 치우치지 않고 올바른 상태를 말해요. 하지만 기계처럼 무조건 반을 나누고 중간에 있는 것만을 뜻하지는 않아요. 진정한 공정은 '올바른 상태'를 만들기 위해 사회적 약자를 배려하는 데서 출발해요.

| 예 | 빈곤과 불평등을 해결하기 위해 등장한 무역을 공정 무역이라고 해요. (107쪽)

정의　정의(正義, justice)는 모든 사람이 받아들이는 올바른 생각을 뜻해요. 무언가가 정의롭다는 것은 더 커다란 선을 위해 올바른 상태에 있다는 것을 뜻해요.
| 예 | 1%의 최고 부자들이 전체 경제 이익의 50%를 차지하는 상황은 정의롭지 못하다고요. (110쪽)

국민 vs. 시민

국민　한 나라를 구성하며 그 나라의 국적을 가진 사람을 말해요. 우리나라 헌법 제1조 제2항은 "대한민국의 주권은 국민에게 있고, 모든 권력은 국민으로부터 나온다"고 되어 있어요.
| 예 | 국민의 역량이 우수해지면 그 나라의 경제는 발전하고, 부정하게 나라를 운영할 수 없게 돼요. (131쪽)

시민　한 나라나 사회의 구성원으로서 법이 보장하는 권리와 의무를 진 자유민을 폭넓게 뜻하는 말이에요. '국적'을 강조하는 국민과 달리 시민은 국적을 떠나 사회적 역할에 참여하는 모든 사람을 뜻해요.
| 예 | 시위에 참여한 시민들은 국가의 주인은 국민이라며 민주주의 국가를 요구했어요. (180쪽)

국토 vs. 영토

국토　나라의 땅이라는 뜻으로, 한 나라가 통치하는 전체 지역을 뜻해요.
| 예 | 브라질 국토의 40%를 차지하며 아마존강을 중심으로 다양한 식생이 특징이죠. (40쪽)

영토　국가의 통치 권력이 미치는 지역으로, 땅뿐만 아니라 바다인 영해와 하늘인 영공까지도 포함하는 경우도 있어요.
| 예 | 쿠르드족은 넓은 영토에 많은 인구가 모여 살았지만 자기 나라를 가지지 못했어요. (151쪽)

굴복 vs. 복종

굴복　힘이 모자라서 복종하게 되는 것을 말해요.
| 예 | 끔찍한 고문과 성폭행 등을 당했지만 그녀는 굴복하지 않았어요. (99쪽)

복종　자기 뜻이 아닌 남의 명령을 따라서 좇는 것을 말해요.
| 예 | 군부가 시키는 대로 하지 않겠다며 '시민 불복종 운동'을 벌였죠. (159쪽)

굶주림 vs. 기아

굶주림   먹을 것이 없어서 배를 곯는 것을 말해요. 점심을 거른다거나 하는 정도가 아니라 오랫동안 먹을 것을 구하지 못해 괴로운 상태예요.

예   전 세계 인구 중 8억 명이 굶주림으로 고통받고 있어요. (17쪽)

기아   먹을 것이 없어 고통받는 굶주림의 상황이 사회적으로 크게 퍼지고 오랫동안 이어지는 상황이에요. 수많은 사람의 목숨이 위태로운 심각한 상태를 말해요.

예   소 한 마리를 덜 키우면 기아에 허덕이는 사람 22명을 구할 수 있다고 해요. (18쪽)

권력 vs. 정치권력

권력   사람이나 나라를 다스리거나 지배하는 힘을 말해요. 주로 정부가 국민에 대해 가진 힘을 말하지만, 높은 지위에 있는 사람이 그렇지 못한 사람에 대해서 가진 힘도 말해요.

예   미투 운동에서 알 수 있듯 권력을 가진 남성에 의한 성범죄는 끊임없이 일어나요. (91쪽)

정치권력   나라의 정치를 좌지우지하는 힘이에요. 정치를 하는 데 반드시 필요하지만, 정당한 방법으로 얻어야 하죠. 민주주의 정부에서는 국민이 투표를 통해 자신의 권력을 정부에 맡겨요.

예   민주주의는 나라의 주인이 국민인 정치 체제예요. 선거를 통해 국민의 지지를 얻어야 정당하게 정치권력을 갖고 나라를 운영할 수 있어요. (187쪽)

내전 vs. 분쟁

내전   한 나라 안에서 서로 생각을 달리하는 사람들이 편을 나누어 전쟁을 벌이는 것을 말해요. 나라 안에서 같은 국민끼리 싸우는 비극적인 일이에요.

예   시리아에서는 정부군과 정부에 반대하는 반군 시위대 사이에 내전이 일어난 거죠. (181쪽)

분쟁   분쟁(紛爭)으로 써요. 말썽을 일으켜 시끄럽고 복잡하게 싸우는 것을 말해요. 폭력을 행사하기도 하고 전쟁처럼 사람의 목숨을 앗아가는 경우도 있어요. 서로 편을 갈라 싸우는 것을 뜻할 때는 분쟁(分爭)이라 써요.

예   시리아 내전처럼 분쟁이 지속되면서 난민 캠프는 오히려 늘어나고 있어요. (64쪽)

노동 vs. 일

노동 일과 같은 뜻으로 쓰이지만, 주로 돈을 벌거나 생활에 필요한 물자를 얻기 위해 육체적·정신적 노력을 하는 것을 말해요.

예 노동하는 사람들을 위한 법의 보호나 정당한 대가도 받지 못하기 때문에 일하는 아이들은 현대판 노예라고 불려요. (67쪽)

일 무언가를 이루기 위해 몸을 움직이거나 머리를 쓰는 활동과 행동을 말해요. 크게는 사람이 하는 모든 활동을 말하기도 해요.

예 마타이는 케냐 독재 정부의 개발 정책을 비판하다 폭행을 당하기도 했지만, 자신의 일을 결코 멈추지 않았고, 2004년 노벨 평화상을 받았어요. (52쪽)

독립 vs. 자치

독립 다른 사람이나 사회, 나라의 지배를 받지 않고 스스로 일어서서 삶을 꾸려가는 것이에요. 한 나라가 다른 나라의 지배에서 벗어나는 것을 말하기도 해요.

예 영국의 식민 지배를 받던 인도는 1947년 독립을 하며 인도와 파키스탄으로 분리되었어요. (165쪽)

자치 지역이나 나라가 스스로 독자적으로 살림을 꾸려가는 것을 말해요. 어떤 나라에 속해 있어도 정치나 경제를 스스로 하는 지역을 자치 지역이라고 해요.

예 카슈미르 사람들은 자치가 아니라 인도로부터 독립하기를 원해요. (166쪽)

독재 vs. 민주

독재 특정한 개인이나 단체, 정당이 모든 권력을 손에 쥐고 자기 마음대로 일을 처리하는 것을 말해요. 민주적인 절차를 무시하고 통치자가 자기 마음대로 정치를 휘두르는 것을 독재 정치라고 해요.

예 군부 독재가 막을 내리고 국민은 민주주의의 달콤함을 누리게 되었어요. (159쪽)

민주 간단하게는 국민에게 주권이 있다는 뜻이에요. 넓게 보면 누구 한 사람이 마음대로 하는 게 아니라 여러 사람이 뜻을 모아 정치권력을 나누는 것을 말해요.

예 자유와 평등의 민주주의가 미얀마의 모든 민족에게 찾아올 날을 기대해요. (161쪽)

박해 vs. 학대

박해 마땅치 않은 이유를 들어 사람이나 단체를 못살게 굴고 해치고 차별하는 것을 말해요. 주로 인종이나 민족, 정치, 종교 등을 이유로 특정한 사람들을 괴롭히거나 권리를 빼앗아요.

예 쿠르드족은 나라를 세우지 못한 채 오히려 독립을 주장하다 박해를 받았어요. (150쪽)

학대 누군가를 몹시 괴롭히거나 가혹하게 대우하는 것을 말해요. 박해가 여러 사람의 집단을 대상으로 하는 것이라면 학대는 좀 더 적은 수의 개인에게 행해져요.

예 디리는 여성 할례가 전통과 종교, 문화라는 이름으로 행해지는 고문이자 아동 학대라 주장했어요. (54쪽)

불평등 vs. 차별

불평등 누군가를 차별하고 평등하지 못하게 대하는 상태를 말해요. 주로 오랫동안 이어진 관습이나 정치 성향, 경제적 상태에 따라서 사람들 다르게 대해요.

예 남성 중심의 가부장적인 문화가 심한 곳일수록 성의 불평등은 심각해요. (92쪽)

차별 둘 이상의 사람이나 단체 등에 등급을 매기고 그에 따라서 서로 다르게 대우하거나 '차이'를 이유로 다르게 대하는 것을 말해요.

예 여성은 마른 몸매를 가져야 한다거나 예뻐야 한다는 생각은 여성에 대한 차별로 이어져요. (86쪽)

빈부 격차 vs. 양극화

빈부 격차 잘사는 사람과 못사는 사람의 차이를 말해요. 어느 사회나 부자와 그렇지 않은 사람이 존재하고, 차이는 있어요. 하지만 그 간격을 말하는 빈부 격차가 심각하게 커지면 커다란 사회 문제로 이어져요.

예 칠레는 1명이 26개의 빵을 먹고, 50명이 2개의 빵을 나누어 먹어야 하는 상황인 거예요. 빈부 격차가 얼마나 심각한지 알 수 있겠죠. (120쪽)

양극화 빈부 격차가 손을 쓸 수 없을 정도로 극심해진 상태를 말해요. 나라에 중산층이 없이 부자와 가난한 사람으로만 갈라져 있는 상황이에요.

예 칠레에서 부의 양극화가 심각해진 이유는 누구에게나 꼭 필요한 분야를 정부에서 운영하지 않았기 때문이에요. (119쪽)

살해 vs. 학살

살해   사고나 실수가 아니라 일부러 그릇된 목적에 따라 다른 사람의 생명을 앗아가는 행동을 말해요.

예 그러던 그녀가 일이 있어 다시 이라크에 갔다가 아버지에게 살해당했어요. 아버지는 딸이 타국에 혼자 사는 것에 불만이 있었거든요. (89쪽)

학살   여러 사람의 생명을 가혹하게 마구잡이로 앗아가는 것을 뜻해요. 주로 저항할 능력이 없는 사람들을 일방적으로 죽이는 반인도적인 범죄예요.

예 이스라엘의 무차별 학살에 미국과 영국 등 몇 나라를 제외한 국제 사회는 "가자지구에 대한 인종청소"라며 비판하고 있어요. (169쪽)

시위 vs. 집회

시위   많은 사람이 모여서 자기 생각을 공개적으로 밝히면서 행진하거나 구호를 외치는 등 행동하는 것을 말해요. 우리나라뿐 아니라 많은 나라가 시위의 자유를 법으로 보장하고 있어요.

예 이들은 "우리가 국민이다"라고 쓰인 팻말을 들고 시위했는데요. 경찰을 향해 병을 던지는 등 폭력 시위를 하기도 했죠. (153쪽)

집회   여러 사람이 어떤 목적을 위해서 모이는 것을 말해요. 집회 역시 헌법에 보장된 권리예요. 사람들이 모이는 것을 누구도 막아서는 안 돼요.

예 반대편에서는 난민을 받아들여야 한다는 사람들이 모여 맞불 집회를 열었어요. (153쪽)

억압 vs. 탄압

억압   누군가를 자기 뜻대로 자유롭게 하지 못하게 억지로 압력을 가하는 상태를 말해요. 생각과 행동의 자유를 앗아가는 행동이에요.

예 군부 정권은 국민의 권리를 억압하는 독재 정치를 했어요. (158쪽)

탄압   권력이나 무력 따위로 사람들이나 단체의 자유를 빼앗고 생각과 행동을 억압하는 폭력적인 행위를 말해요.

예 국제 사회는 티베트를 강제로 빼앗고 티베트인을 탄압하는 중국에 대해 우려의 시선을 보내고 있어요. (136쪽)

운동 vs. 캠페인

운동   많은 사람이 모여 어떤 목적을 이루려고 힘쓰는 것을 말해요. 변화는 한 사람의 움직임보다 여러 사람이 함께 운동할 때 더 큰 힘을 발휘해요.

예 '미래를 위한 금요일'이라는 이름의 이 운동으로 사람들은 지구 온난화의 심각성을 깨닫게 되었어요. (23쪽)

캠페인   사회적·정치적 목적을 위해 조직을 꾸려서 다른 사람들에게 알리고 함께 참여하길 바라는 행동이에요. 운동과 비슷한 뜻으로 쓰여요.

예 영국의 전설적인 밴드 비틀스의 멤버인 폴 매카트니는 이 토론회에서 '고기 없는 월요일' 캠페인을 제안했어요. (16쪽)

정권 vs. 정부

정권   정치권력의 줄임말이지만, 주로 정치권력을 가진 세력의 모임을 이야기해요.

예 미얀마의 군사 정권을 인정하지 않는 사람들은 아직도 미얀마가 아닌 버마로 부르고 있어요. (148쪽)

정부   나라를 운영하는 데 필요한 입법, 행정, 사법의 삼권을 포함하는 통치 기구 전체를 말해요.

예 일부 로힝야족 사람들은 미얀마로부터 독립하기 위한 독자적 군대를 만들어 정부에 저항했어요. (148쪽)

조약 vs. 협약

조약   나라와 나라가 서로 뜻을 모아 정한 약속이에요. 단순한 약속이 아니라 법적으로 힘을 발휘하는 규칙의 역할도 해요.

예 영국은 오스만 제국에 살던 쿠르드족을 끌어들였어요. 영국을 도와서 싸워주면 독립을 시켜주겠다고요. '세브르 조약'으로 약속까지 했어요. (150쪽)

협약   나라와 나라가 서로 뜻을 모아 정한 약속으로 조약과 비슷한 뜻으로 쓰여요. 주로 문화적인 내용에 붙이는 경우가 많아요.

예 교토 의정서: 1997년 채택해 2005년부터 2020년까지 온실가스 감축 목표를 약속한 협약이에요. (18쪽)

쿠데타 vs. 혁명

쿠데타 투표 같은 합법적인 절차가 아니라 무력으로 정치권력을 빼앗는 것을 말해요. 혁명과 달리 사회 체제를 바꾸지는 않고, 강제로 권력을 차지하는 경우 쿠데타라고 해요.

> 예 수차례 쿠데타가 일어나 정치가 불안정했어요. (145쪽)

혁명 이전의 관습이나 제도, 생각의 방식 등을 단번에 깨뜨리고 새로운 것으로 급격히 바꾸는 것을 말해요. 정치에서는 기존의 사회 제도와 조직 등을 완전히 무너뜨리고 근본부터 고치는 것을 말해요.

> 예 튀니지, 이집트, 예멘, 리비아에서는 시위가 혁명으로 이어졌고, 레바논, 요르단, 오만, 바레인, 쿠웨이트, 모로코 등에서는 장관들이 교체되는 등 커다란 변화가 일어났어요. (111쪽)

통화 vs. 화폐

통화 '유통 화폐'의 줄임말로 우리가 자주 사용하는 돈(화폐) 이외에도 은행의 예금 등도 포함해요. 화폐가 교환의 수단이라면, 통화는 그 화폐의 양을 측정하는 단위예요.

> 예 '유로'라는 통화를 만들어서 경제 공동체의 역할도 해요. (184쪽)

화폐 물건을 사고팔 때, 다른 사람의 노동력에 대가를 지불할 때 쓰는 돈을 말해요. 화폐를 기준으로 상품이나 서비스를 교환하죠. 화폐는 시대와 지역, 나라마다 달라요.

> 예 칠레 화폐 단위는 페소인데, 30페소는 우리 돈으로 50원에 해당해요. (118쪽)

세 단어

감염병 vs. 전염병 vs. 팬데믹

감염병 사람이나 동물의 신체에 병원체가 유입되어 옮겨지는 병을 말해요. 병원체는 세균이나 바이러스 등 병의 원인이 되는 것을 말해요. 바이러스 등의 병원체에 노출되는 것을 감염이라고 해요.

> 예 사람뿐 아니라 동물도 감염병에 걸려요. 하지만 대부분 감염병은 동물끼리 혹은 사람끼리 걸리죠. (36쪽)

전염병 다른 사람에게 옮겨지는 성질이 있는 병을 모두 통틀어 이르는 말이에요. 호흡이나 수분, 피부 접촉 등 병이 옮겨지는 경로는 다양해요.

> 예 팬데믹이란 전염병이 유행해 전 세계가 큰 위험에 빠졌다는 의미예요. (34쪽)

팬데믹 전염병이나 감염병이 세계적인 규모로 퍼지는 것을 말해요.
> 예 세계 보건 기구는 2020년 3월 11일 코로나19의 팬데믹을 선언했어요. (34쪽)

방사능 vs. 방사선 vs. 방사성

방사능 방사선을 방출할 수 있는 능력 또는 방사성동위원소의 강도(세기)를 말해요.
> 예 방사성 물질은 시간이 지나면 저절로 붕괴하면서 방사능이 약해지기 때문에 오래 보관할수록 환경에 덜 위협적이에요. (47쪽)

방사선 방사성동위원소에서 나오는 입자 또는 전자기파 형태의 에너지 선을 말해요.
> 예 방사성 핵종을 포함한 일부 핵폐기물은 10만 년이 지나도 방사선을 배출해요. (20쪽)

방사성 방사선을 내뿜는 성질을 말해요. 어떤 물질이 방사선을 내뿜는다면 그 물질을 '방사성 물질'이라고 불러요.
> 예 방사성 물질은 바람을 타고 유럽으로 번져 나가 벨라루스에 가장 피해를 주었고, 수백 킬로미터 떨어진 영국과 스페인에서도 방사성 물질이 검출되었어요. (19쪽)

찾아보기

ㄱ

감염병	34
거식증	86
건강한 몸	84
경제 불평등	106 109
경제 협력 개발 기구(OECD 오이시디)	118 120
고기 없는 월요일	16
공정 무역	106 115
교육	50 62 69
국제 강제 철거 법정	112
국제 분쟁	26 134 137
군사 정부	158
굶주림	124
그레타 툰베리	22
기아 문제	124
기후 난민	152
기후 변화	22 41
기후 위기	41
꿀벌	30

ㄴ

난민	62 146 152 176 179
납치	143
노벨 평화상	50
노예 노동	121
니캅	80

ㄷ

다국적 기업	106 108
달라이 라마	134
달리트	100
대규모 농장	30 33
독립 운동	149 164
동물 복지	16
동물권	16
드니 무퀘게	81

ㄹ

로자 파크스	155
로치데일 협동조합	106 108
로힝야족	146

ㅁ

마약 카르텔	115
마흐사 아미니	78
말랄라 유사프자이	50
메모리 마차야	73
멸종	30
명예 살인	87 89
무슬림	173
문해	69
문해력	69
미래를 위한 금요일	22
미세 플라스틱	26 29
미투(#metoo)	90
민영화	118
민족 학살	146

ㅂ

바미얀 석불	185
방사선 오염	44
백색 테러	140 142
벵골호랑이	30
보코하람	143
부르카	80
불가촉천민	103
불평등	128
브렉시트	182
빈곤	128
빈부 격차	109 118

ㅅ

사담 후세인	170
사바 막수드	87
사회 문제	128
삼중 수소	47
생리	93
생물 다양성	30 37
성차별	90 93 96 100
성평등	90
성폭력	81 90 100
세계 3대 열대 우림	40
세계 무역 센터	173
세계 문해의 날	69
세계 빈곤 퇴치의 날	128
소년병	56
수니파	170

스마트폰	121
시리아 난민	152
시리아 내전	152 179
시민 불복종 운동	158
시아파	170
시티 오브 조이	83
식량 문제	124
신분제	100
신자유주의	118
쓰레기 문제	26

ㅇ

아네르스 베링 브레이비크	140
아동 교육	69
아동 노동	59 65 121
아동 인권	53 56 62 65 69 73
아동 학대	53 56 59 65 73 121
아랍의 봄	109 111
아보카도	115
아슈라 축제	172
아웅 산 수 치	158 161
알 하스룰	96
알란 쿠르디	152 179
양극화	118
여섯 번째 대멸종	33
여성 인권	78 84 87
여성 차별	50 53 93 96
여성 폭력	81 100 143
여성 학대	87 143

여성 할례	53
여성의 교육	50
열대 우림	37
예멘 내전	176
오사마 빈 라덴	185 187
오염수 방류	44
온실가스	22 41
와리스 디리	53
우리는 99%다	109
원자력 발전	19 44
원자력 사고	19
월가를 점령하라	109
위구르족	137
유럽 연합(EU)	182 184
유엔 난민 기구	62 64
유엔 세계 식량 계획(WFP)	124
육식	16
윤리적 소비	106 115
윤리적 여행	112
이란-이라크 전쟁	150 170
이슬람교	173
이슬람국가(IS)	149 179
이자벨 카로	84
인권	53 56 59 62 69 73 78 81 87
인도적 체류 허가	176
인수 공통 감염병	36
인신매매	59
인종 차별	140 155
인종 청소	167

ㅈ

자경단	117
적색 테러	142
전쟁	56 62 81
젠더	92
조셉 레신스키	128
조지 플로이드	155
조혼	73 75
종교 탄압	146
지구 온난화	16 22 41
지속 가능한 여행	112

ㅊ

차도르	80
차우파디	93
채식	16
청정에너지	19
초콜릿 노동	59

ㅋ

카슈미르	164
카스트	100
카스트 제도	103
코로나19	34
코발트	121
콜탄	121
쿠데타	158
쿠르드 노동자당	149

쿠르드족	149
키즈 유튜브	68

ㅌ

탄탈룸	121
탈레반	185
탈원전	19 21

ㅍ

판지 병원	81
팬데믹	34
편견	84
폴 매카트니	16
플라스틱 대륙	29

ㅎ

해수면 상승	41
해양 쓰레기	26
핵폐기물	19
혐오 범죄	140
환경 문제	30 37 41
환경 정의	41
환경 파괴	34 37
흑인 차별	155
흑인의 목숨도 소중하다	155
희토류	121
히잡	78 80

숫자

9·11	173

10대를 위한
세계 시민 학교

ⓒ 남지란 정일웅 2024

초판 1쇄 2024년 10월 30일
초판 2쇄 2025년 10월 30일

지은이 남지란 정일웅

펴낸이 정미화 | **기획편집** 정미화 남은영 이정서 정일웅 | **표지디자인** [★]규 | **본문디자인** 안희원
펴낸곳 이케이북(주) | **출판등록** 제2013-000020호 | **주소** 서울시 관악구 신원로 35, 913호
전화 02-2038-3419 | **팩스** 0505-320-1010 | **홈페이지** ekbook.co.kr | **전자우편** ekbooks@naver.com

ISBN 979-11-86222-58-4 74400
ISBN 979-11-86222-33-1 (세트)

- 이 책은 저작권법에 따라 보호받는 저작물이므로 무단 전재와 복제를 금합니다.
- 이 책의 일부 또는 전부를 이용하려면 저작권자와 이케이북(주)의 동의를 받아야 합니다.
- 저작권자를 찾지 못한 일부 실사에 대해서는 확인이 되는 대로 동의 절차를 밟겠습니다.
- 잘못된 책은 구입하신 곳에서 바꾸어드립니다.

     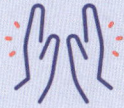